AF402033

LES

STIGMATES OPHTALMOSCOPIQUES RUDIMENTAIRES

DE LA

SYPHILIS HÉRÉDITAIRE

(Avec figures dans le texte et trois planches en couleur.)

PAR

Le Dʳ Albert ANTONELLI

OCULISTE A PARIS

PROFESSEUR AGRÉGÉ D'OPHTALMOLOGIE DE L'UNIVERSITÉ DE NAPLES

MEMBRE CORR. DE LA SOC. D'OPHTALMOLOGIE DE PARIS, ETC.

PARIS

A. MALOINE, ÉDITEUR

23-25, RUE DE L'ÉCOLE DE MÉDECINE, 23-25

1897

LES

STIGMATES OPHTALMOSCOPIQUES

RUDIMENTAIRES

DE LA

SYPHILIS HÉRÉDITAIRE

LES

STIGMATES OPHTALMOSCOPIQUES RUDIMENTAIRES

DE LA

SYPHILIS HÉRÉDITAIRE

(Avec figures dans le texte et trois planches en couleur.)

PAR

Le Dr Albert ANTONELLI

OCULISTE A PARIS

PROFESSEUR AGRÉGÉ D'OPHTALMOLOGIE DE L'UNIVERSITÉ DE NAPLES

MEMBRE CORR. DE LA SOC. D'OPHTALMOLOGIE DE PARIS, ETC.

PARIS

A. MALOINE, ÉDITEUR

21, RUE DE L'ÉCOLE DE MÉDECINE, 21

1897

A MON VÉNÉRÉ PÈRE G. ANTONELLI

Professeur d'Anatomie à l'Université de Naples,
Membre de l'Académie Royale de Médecine, etc.

TABLE DES MATIÈRES   ·

AVANT-PROPOS

Les lésions syphilitiques du fond de l'œil, en général, ont été l'objet de publications très nombreuses,
et leurs formes caractéristiques se trouvent très bien
décrites et représentées dans les meilleurs traités et
atlas d'ophtalmologie. Le titre de ce travail ne serait
donc certainement pas fait pour bien séduire le lecteur, s'il ne s'agissait, d'abord, de la *syphilis héréditaire* et, ensuite, des *stigmates rudimentaires* qui peuvent la dénoncer à l'examen ophtalmoscopique.

C'est depuis cinq ans environ, que je poursuis mes
recherches sur les formes rudimentaires de la syphilis
congénitale du fond de l'œil. Quelques observations
heureuses de ma clientèle privée de Naples, en 1892,
m'ayant donné l'éveil, je n'ai pas laissé passer, depuis
cette époque, un seul cas d'amblyopie soi-disant congénitale, un seul cas de strabisme ou de jeune malade
amené à la consultation pour des troubles fonctionnels, sans procéder à un examen ophtalmoscopique
minutieux et sans me livrer à l'enquête au point de
vue de l'hérédité syphilitique. La plus grande partie

de mes observations, depuis 1894, appartenant à la clinique de mon excellent maître, M. le docteur Landolt, c'est pour moi un bien agréable devoir de le remercier dès le commencement de ces pages.

De mes observations, dont seulement un certain nombre constitue la partie documentaire à la fin de cette thèse, j'ai remporté la conviction profonde que : *les lésions du fond de l'œil comptent parmi les manifestations les plus fréquentes de la syphilis congénitale, et que ces signes ophtalmoscopiques sont souvent les seuls qu'il soit possible de reconnaître, d'emblée, si l'on est prévenu de la chose et si l'on est assez rompu aux finesses de l'ophtalmoscopie.*

Je ne veux certainement pas avoir découvert les altérations papillaires et rétino-choroïdiennes de la syphilis congénitale, dans leurs formes cliniques plus ou moins bien caractérisées. Mais je désire insister sur ce point, que les plus simples altérations de ce genre passent presque toujours inaperçues, et que plusieurs fonds d'yeux hérédo-spécifiques sont jugés, d'après les idées courantes et d'après grand nombre de planches des atlas d'ophtalmoscopie les mieux connus, comme des variétés du fond de l'œil normal.

Disons, tout de suite, que notre travail mériterait d'être complété à plusieurs points de vue. En premier lieu, nos observations ont toujours pris comme point de départ l'examen ophtalmoscopique et l'examen fonctionnel ordinaire de l'œil, pour en arriver à dépister la

syphilis congénitale ; en second lieu, cet examen fonctionnel n'a pas été poursuivi, comme il aurait fallu surtout dans certains cas, jusqu'à l'exploration du champ
visuel pour toutes les couleurs, à la photesthésiomé-
trie, etc.

Quant à la première lacune, j'entends dire qu'il faudrait faire maintenant l'inverse de ce que j'ai pu faire
dans mes observations : examiner, dans un matériel
clinique d'enfants hérédo-spécifiques avérés, combien de sujets présentent des stigmates ophtalmoscopiques et fonctionnels de l'œil, soit rudimentaires, soit
plus ou moins bien caractérisés. Une telle enquête,
capable de fournir des données statistiques, serait de
la plus grande importance pour établir au juste la fréquence et la valeur pathognomonique des signes ophtalmoscopiques en général, et de leurs formes rudimentaires en particulier.

Quant à la seconde lacune, je signalerai plus loin l'importance que l'examen du champ visuel, surtout, peut
avoir en rapport avec des *stigmates ophtalmoscopiques*, même *rudimentaires*. Malheureusement, ce
sont des recherches qui demandent beaucoup trop
de temps pour pouvoir être entreprises au courant de
la consultation dans une clinique, et qui, étant purement subjectives, demandent aussi, de la part du malade, un âge et un degré d'intelligence assez avancés. Il faudrait donc pouvoir choisir tout à fait son
temps et son sujet, pour de telles observations .

Je tiens à signaler ces lacunes, pour aller au devant

de tout reproche ; et j'espère que la somme des faits apportée par ce travail à l'étude de la question qui en fait le sujet, suffira pour encourager les confrères à poursuivre ces recherches.

Signalons, enfin, comme autre étude destinée à compléter notre travail, le côté anatomo-pathologique de la question. Nous nous croyons autorisés à croire, que l'examen hystologique des yeux d'enfants mort-nés, ou dans la première enfance, à cause d'hérédité spécifique, fournirait bien d'observations intéressantes, à ajouter aux trouvailles anatomiques de M. Rochon-Duvigneaud et de M. Louis Dor, que nous aurons à citer. On pourrait très souvent, pour ne pas dire toujours, constater sous le microscope *l'œil syphilitique*, à défaut de tout autre lésion macroscopique ou microscopique. Et, pour reconnaître l'importance d'une telle constatation, il nous suffit de rappeler que Barthélémy, pour ne citer que sa communication de 1890 à la Société Française de Dermatologie, sur 27 autopsies d'enfants hérédo-syphilitiques morts-nés ou à terme, 14 fois n'a rien trouvé à l'autopsie, qui aurait pu confirmer le diagnostic clinique de l'hérédo-spécifité, autrement bien assuré.

En présentant ce travail comme thèse de Paris, le 22 juillet 1897, je le dédiais à mon père, et à ses collègues de la Faculté de Naples, qui ont été tous, de 1882 à 1888, mes premiers maîtres. Je leur envoie, aujourd'hui encore, mes meilleurs souvenirs.

A mes maîtres de la Faculté de Paris, et en premier lieu à la mémoire du tant regretté Professeur Straus, qu'il me soit permis d'adresser l'hommage de toute ma reconnaissance. Leur accueil, toujours si bienveillant, leur parole, toujours si autorisée, m'ont appris à les aimer et les admirer comme on est forcé d'aimer et d'admirer tout ce qui nous entoure dans ce beau pays de France. Je ne puis pas les nommer tous, maîtres et confrères de Paris, que je remercie du fond de mon cœur.

Je m'en voudrais, néanmoins, de ne pas remercier encore une fois mon éminent maître, M. le docteur Landolt, qui m'a permis de passer ces dernières années dans sa clinique. Je me hâte d'ajouter à son nom ceux de M. le docteur Javal, et de MM. les professeurs M. Duval, Ch. Richet, Le Dentu, G. Pouchet, C. Potain, A. Fournier, Pinard et Raymond. Toute ma reconnaissance est enfin acquise à M. le professeur Panas qui, après avoir bien voulu me témoigner pendant longtemps sa bienveillance, m'a fait aussi l'honneur de signer ma thèse.

A. ANTONELLI

Paris, juillet 1897.

CHAPITRE I

GÉNÉRALITÉS ET EXQUISSE BIBLIOGRAPHIQUE

Puisque nous voulons signaler surtout les *stigmates
rudimentaires*, du fond de l'œil, dans la syphilis héréditaire, nous ne nous arrêterons pas, dans ce travail,
sur des cas tels que, par exemple, la belle observation
toute récente de Fournier et Sauvineau (1). Leur
malade, une jeune fille de 18 ans, présentait, en même
temps que d'autres stigmates des plus évidents, des
lésions oculaires congénitales, telles, que la paralysie
de la 6ᵉ paire gauche, et des lésions du fond de l'œil
gauche. Ces lésions consistaient en des taches atrophiques pigmentées, lésions de chorio-rétinite analogues
à celles que l'on rencontre dans la syphilis acquise, et
en d'autres taches simplement pigmentaires, ramifiées,
offrant l'aspect de rétinite pigmentaire congénitale.

Nous avons rencontré grand nombre de cas analogues, et, pour nous, l'origine hérédo-spécifique de ces
lésions n'a jamais fait de doute, même dans l'absence
de tout autre stigmate et dans l'insuffisance des don-

(1) Fournier et Sauvineau, *Troubles oculaires d'origine hérédo-
syphilitiques*. Soc. de dermat. et de syphilogr., déc. 1896, et *Recueil
d'Ophtalm.*, janvier 1897.

nées anamnestiques. Mais, cette conviction nous a été acquise après les très nombreuses observations de *stigmates rudimentaires*, qui nous ont démontré que les manifestations ophtalmoscopiques sont peut-être les plus fréquentes, parmi celles de la syphilis héréditaire. C'est cette même conviction, que nous voudrions inculquer à nos confrères en général, et aux ophtalmologistes en particulier, appelés à reconnaître les *stigmates rudimentaires*. Quant à l'observation que nous venons de citer, elle nous offre l'occasion d'insister dès maintenant sur un point, qui est fortement appuyé par un grand nombre de nos cas : *la rétinite pigmentaire congénitale doit être attribuée à l'hérédo-syphilis plutôt qu'à la consanguinité des parents, cette dernière n'agissant, en général, que comme une cause d'accumulation d'hérédité pathologique.*

Un travail de M. le professeur Hirschberg (1) a mis parfaitement en évidence, ces dernières années, la fréquence de la papillite et des chorio-rétinites dans la syphilis congénitale. Nous devrons citer son travail, à propos de plusieurs points que nous aurons à discuter dans cette thèse. Bornons-nous, pour le moment, à remarquer que les observations qu'il contient sont des plus intéressantes, mais toutes se rapportant à

(1) HIRSCHBERG. *Ueber Netzhautentzündung bei angeborener Lues.* Deutsch. medic. Wochenschr., 1895, n° 26 et 27. J'ai pu prendre connaissance de ce travail, publié dans un journal qui n'est pas de notre spécialité, seulement ces derniers jours, grâce à un aimable envoi de l'auteur.

des lésions macroscopiques, pour ainsi dire, du fond de l'œil. Un des mérites principaux du mémoire de M. Hirschberg, c'est d'avoir appelé toute l'attention des praticiens sur la syphilis congénitale du fond de l'œil, car cette manifestation, dont l'importance est énorme, se trouve néanmoins négligée dans presque tous les ouvrages, mêmes récents, sur notre spécialité en général et sur la syphilis oculaire en particulier.

En effet, dans les traités de Schweigger (vie édition, 1893), de Fuchs (ive édit., 1894), de Schmidt Rimpler (vie édit., 1894), de Michel (iie édit., 1890), à propos de la chorio-rétinite syphilitique, cette affection n'est même pas mentionnée, comme manifestation de syphilis congénitale, ou en général héréditaire.

Leber, dans l'ouvrage de v. Graefe-Saemisch (1877), consacre à cette question quelques lignes (1), et M. le professeur Panas (1896) s'exprime ainsi : — « La chorio-rétinite syphilitique apparaît à la période tardive. Elle atteint généralement les jeunes gens et les adultes, bien qu'elle puisse être exceptionnellement héréditaire et même congénitale ».

Horner et Michel signalent, dans le Traité des maladies des enfants publié par Gerhardt (2), les lésions du

---

(1) ..... *Doch tritt (Retinitis) auch bei angeborener Syphilis auf, meist in Verbindung mit Iritis oder parenchymatoser Keratitis, nach deren Rückbildung die Diagnose gestellt werden kann.*

(2) Vol. 2, p. 349 et 461 (1889). HORNER : *Wirklich mehrt sich die Zahl der Fälle, wo Chorioretinitis, d. h. Choroïditis mit secundärer Pigmentirung der Netzhaut, als angeborene, auf Syphilis*

fond de l'œil en rapport avec la syphilis congénitale, et Knies affirme, dans son ouvrage (1), que ces affections du tractus uvéal sont des manifestations extra-utérines. Gowers (2) énonce que, parmi les parties profondes de l'œil, la choroïde est celle qui est le plus souvent le siège des manifestations congénitales ou tardives, de la syphilis héréditaire. Enfin, parmi les vénéréologistes, Joseph (1894) donne une description détaillée de la choroïdite et rétinite syphilitique sans parler de la syphilis héréditaire, et de même Mauthner néglige ce point, dans le chapitre qui lui appartient de l'ouvrage de Zeissl (ive édit., 1882, p. 580-587).

Hirschberg, à qui nous avons emprunté ces don-

beruhende Ursache von Sehstorung, resp. Erblindung, nachgewiesen wird. — MICHEL : Hinsichtlich der Aetiologie (von Netzhauthypertrophieen und Atrophieen) kommen am haufigsten die Tuberkulose und die hereditare Lues in Betracht.

(1) KNIES. Die Beziehungen des Sehorgans und seiner Erkrankungen, zu den übrigen Krankheiten des Korpers und seiner Organe. Wiesbaden 1893. Pag. 434 : — « Extrauterin sind ebenfalls Uvealerkrankungen im Weitesten Sinne des Wortes, die bei angeborener Syphilis beobachtet werden : Choroiditis von den leichtesten Formen bis zu den schwersten, mit Betheiligung der Netzhaut und Pigmentirung derselben, meist mit, seltner ohne gleichzeitige Glaskorpertrübungen. »

(2) GOWERS. Die Ophtalmoskopie in der inneren Medicin (traduc. allem. par Grube ; Leipzig und Wien 1893). P. 290 : « Von den tieferen Structuren des Auges ist (bei hereditarer Syphilis) die Choroïdea am haufigsten erkrankt in der Kindheit ; sie ist oft der Sitz disseminirter Entzündung, sowohl in der Kindheit wie später. Zerstreute atrophische Gebiete konnen zurückbleiben, die mit Pigmentanhaufung combinirt sind, gerade wie bei der bei erworbener Lues auftretenden Form. »

nées bibliographiques, cite ensuite les traités spéciaux des manifestations oculaires syphilitiques. En premier lieu, l'ouvrage classique de Hutchinson (1), où un chapitre à part est consacré aux affections du fond de l'œil dues à la syphilis congénitale. Tous les cas qui s'y trouvent rapportés sont des lésions déjà évoluées, altérations pour ainsi dire cicatricielles de la choroïde, le plus souvent compliquées par la kératite parenchymateuse. Sur ce dernier fait insistent aussi Alexander (2), dans son premier livre sur la syphilis de l'œil, et v. Hippel, dans un mémoire récent que nous citerons plus tard.

Il faut mentionner aussi, parmi les travaux récents se rapportant de près à notre sujet, le mémoire de M. Trantas (3). Son malade présentait grand nombre de stigmates de syphilis héréditaire, de sorte que la nature des affections oculaires, du reste bien caractérisées, n'était pas douteuse. Mais le mérite de Trantas, pour nous, c'est d'insister sur l'intérêt des lésions

(1) JONATHAN HUTCHINSON. A clinical memoir of certain diseases of the eye and ear, consequent of inherited syphilis (London 1863).

(2) ALEXANDER. Syphilis und Auge (Wiesbaden 1889) chap. IX (Die hereditar-syphilitischen Krankheiten). Le mémoire plus récent d'Alexander (Neue Erfahrungen ueber luetische Augenerkrankungen ; Wiesbaden 1896) n'apporte aucune autre contribution à la question qui nous occupe.

(3) TRANTAS. Syphilis héréditaire tardive (kératite interstitielle, choroïdite antérieure avec périphlébite rétinienne). Commun. à a Soc. Impér. de médec. à Constantinople ; Archives d'ophtalm., janvier 1897, p. 26. (Notre observ. XLVI était analogue).

ophtalmoscopiques, constatées *sur l'œil prétendu sain par le malade*. Il s'agissait de taches de choroïdite antérieure, avec périphlébite rétinienne centrale et légère suffusion péripapillaire en haut et en bas. A propos de ce cas, et d'un autre où les plaques de chorio-rétinite périphérique lui avaient permis de porter le diagnostic de syphilis héréditaire et d'obtenir des résultats thérapeutiques inespérés, Trantas insiste sur la valeur de l'examen ophtalmoscopique par rapport à la nature de la kératite parenchymateuse, question sur laquelle nous aurons à revenir.

Nous devons, enfin, remarquer que devant la Société de Médecine de Berlin (1) M. Silex a dernièrement lu un mémoire sur les signes pathognomoniques de la syphilis congénitale. Il place *en premier lieu la choroïdite*, toutes les membranes de l'œil pouvant être atteintes mais les lésions de la choroïde étant, selon lui, les plus importantes ; en second lieu les dents d'Hutchinson, et enfin les cicatrices de la face, très fines et dispersées, autour de la cavité buccale. La communication de M. Silex donna lieu à une discussion prolongée surtout sur la valeur pathognomonique des différentes malformations dentaires.

Nous ne pouvons pas nous arrêter sur la description des *altérations Hutchinsoniennes du fond de l'œil* signalées dès 1887 par Goldzieher (2), qui parais-

---

(1) Voir aussi : *Bulletin médical*, 1896, p. 145, et *Semaine médicale*, 15 février 1896.

(2) W. GOLDZIEHER. *Hutchinson'sche Erkrankung des Augen-*

sent être identiques aux lésions de la rétinite circin-
née de Fuchs (1) et qui seraient pourtant loin de représenter des stigmates rudimentaires. Le titre des travaux de M. Goldzieher nous avait fait supposer qu'il
pouvait s'agir aussi, dans ses cas, de stigmates ophtalmoscopiques *rudimentaires*, plus ou moins analogues à ceux qui nous intéressent ; mais la lecture des
mémoires, que le savant confrère de Budapest a eu
l'obligeance de nous adresser sur demande, nous a
désabusés.

Il me reste, à ce propos, un regret ; car, si la dénomination n'avait pas été déjà employée par Goldzieher,
les *altérations Hutchinsoniennes du fond de l'œil* seraient justement nos *stigmates rudimentaires*, si analogues, du point de vue clinique général de l'hérédo-
spécificité, aux stigmates constitués par les malformations dentaires, par la kératite interstitielle et par les
affections de l'appareil auditif (2).

A côté de la rétinite pigmentaire, parmi les lésions
du fond de l'œil en rapport avec la syphilis héréditaire,

---

hintergrundes. Wiener med. Wochenschr. 1887, numéro 26).

W. GOLDZIEHER. *Die Hutchinson'sche Veranderung des Augen-
hintergrundes*. Ber. über die XXV Versamml. der opht. Gesell.,
Heidelberg 1896.

(1) FUCHS. Arch. f. Ophthalm. Bd 39, Abth. 3.

(2) Il faut pourtant dire, que Goldzieher a choisi la dénomination
à cause du seul travail qui précédait, dans la littérature ophtalmologique, son premier mémoire de 1887. C'était un article de Jon.
Hutchinson, ayant pour titre : *Symmetrical central chorioretinal
diseases, occuring in senile persons*, dans le *VIII* Ber. der opht.
Hosp. reports, page 231.

nous plaçons les formes rares de la *retinitis punctata albescens* (Gayet, Nettelship, etc.,) et de l'*atrophia gyrata choroïdæ et retinæ* (Cutter, Fuchs). Nous renvoyons au travail récent de Fuchs (1) pour la description de ces formes de chorio-rétinite, qui débutent souvent dans l'enfance par de l'héméralopie, et qui nous paraissent avoir, du moins dans nombre de cas, les caractères des manifestations oculaires graves et tardives, de la syphilis congénitale.

Ajoutons seulement, à l'égard de l'*atrophia girata* de Fuchs, que l'atrophie choroïdienne est l'expression, dans cette forme, de lésions localisées surtout dans la région équatoriale de la chorio-rétine, région que nous aurons à signaler comme endroit d'élection de quelques-uns de nos *stigmates rudimentaires* (pigmentation grenue, ou atrophie pigmentaire rudimentaire diffuse). Cette *chorio-rétinite équatoriale*, sous forme de taches rondes qui s'élargissent lentement et finissent par confluer, aboutit à l'atrophie complète de la rétine pigméntaire et à l'atrophie plus ou moins avancée du stroma de la choroïde. Elle est accompagnée par des altérations papillaires, atrophie et rétrécissement des vaisseaux, telles que dans la rétinite pigmentaire,

(1) E. Fuchs. *Retinitis punctata albescens et Atrophia gyrata choroïdae et retinae ; zwei der Retinitis pigmentosa verwandte Krankheiten,* etc. Arch. f. Augenh., t. XXXII, 2., S. 111 n. 116, 1896. — Nous voulons signaler aussi l'important mémoire de Czermak, où le lecteur pourrait trouver les autres indications bibliographiques concernant la rétinite pigmentaire : — W. Czermak. *Ueber zwei Falle angeborener Netzhaut-sclerose ohne Pigment* (Retini-

et elle épargne, comme souvent le font les manifestations spécifiques étudiées par nous, la zone péripapillaire de la chorio-rétine (zone mieux vascularisée) et la région maculaire. La cataracte corticale postérieure étoilée, qu'on a observé dans tous les cas d'*atrophia girata*, appartient à l'ordre des cataractes dystrophiques, dont nous avons observé plusieurs cas, chez des jeunes sujets avec stigmates rudimentaires. (Voir nos observations, par ex. la LXXII).

Nous n'aurons pas à parler des altérations ophtalmoscopiques de la syphilis congénitale, qui se trouvent limitées à l'extrême périphérie du fond de l'œil, comme Galezowski l'a particulièrement signalé (1). Ces altérations, bien que rudimentaires par rapport aux formes complètes d'affection hérédo-spécifique, telles que la chorio-rétinite aréolaire, la rétinite pigmentaire, etc., sont néanmoins assez évidentes et bien connues, pour ne pas entrer dans l'ordre de faits dont nous nous occupons ici. Il suffirait, pour s'en convaincre, de jeter un coup d'œil sur la planche 32 de l'Atlas de Haab (2), planche qui montre aussi très bien, soit dit en passant, ce que nous appellerons *cadre pigmentaire en secteurs*, de la papille.

L'étude des stigmates rudimentaires a attiré notre

tis pigmentosa sine pigmento) *mit Farbenblindheit*. Ber. d. Naturwissench. Medizin. — Vereines, in Innsbruck, XXI Jahrg., 1892-93.

(1) GALEZOWSKI. *Des affections syphilitiques du globe oculaire et de leur traitement*. Soc. d'Ophtalm. de Paris, 4 mars 1890, et plusieurs articles dans le Recueil d'Ophtalmol., 1890-96.

(2) Edit. franç. par TERSON et CUÉNOD, Paris 1895.

attention sur des particularités exceptionnelles du fond de l'œil, décrites par plusieurs auteurs ; mais, leur énumération nous entraînerait trop loin, nous devons nous contenter d'indiquer au pied de la page les dernières publications que nous connaissons, sur ce sujet (1), et nous ajouterons que plusieurs de ces cas auraient peut-être fait dépister la syphilis congénitale, aux observateurs prévenus de la valeur des particularités du fond de l'œil au point de vue de la spécificité héréditaire.

En effet, les auteurs considèrent ces variétés du fond de l'œil comme étant dépourvues de toute signification pathologique, seulement parce que l'acuité visuelle de tels yeux était normale, ou à peu près, la papille ne présentant d'ailleurs aucune altération bien caractérisée. Or, cela ne prouve pas grand chose, nous le savons ; et, si la pigmentation congénitale n'est pas progressive, dans un cas donné, elle peut représenter tout de même un stigmate pathologique, croyons-

(1) HOLTHOUSE et BALTEN. *Une forme particulière de chorio rétinite superficielle d'étiologie douteuse.* Soc. Opthalm. du Royaume-Uni, 10 déc. 1896. (Annales d'Ocul. Janvier 1897, p. 62).

RAYNER D BALTEN and W. T. HOLMES-SPICER. *Congenital pigmentary plaques of retina.* Ophtalm. Society's Transactions, Vol. XIV.

ZENTMAYER. *Un cas de pigmentation anormale de la rétine,* R. Médec. Collège of Philadelphia. Séance du 16 févr. 1897. (Annales d'Oculist., mai 1897, p. 378).

POSEY. *Pigmentation congénitale de la rétine, Ibidem.*

CASPER. *Zur Kenntniss der angeborenen Anomalien der Sehenervenpapille.* Arch. f. Augenheilk., t. XXXII, 1, p. 12 16, 1895.

nous, contrairement à l'avis de Stephenson. Nous comptons, parmi nos observations les plus démonstratives, nombre de cas où l'œil présentant les stigmates mieux marqués (pigmentation péri-papillaire, décoloration de la papille, dépigmentation de la choroïde, etc.) jouissait d'une acuité normale, tandis que son congénère, atteint de stigmates chorio-rétiniens tout à fait rudimentaires, malgré un aspect parfaitement normal de la papille, montrait une vision plus ou moins défectueuse. Dans des cas, donc, de *tortuosité rare des vaisseaux rétiniens*, telle que dans une des planches de Oeller, ou dans une communication récente de Cook (1), et dans des cas de *pigmentation congénitale anormale* du fond de l'œil, tels que les trois observations de Walser (2) ou l'observation de Dood (3), il est permis de soupçonner des stigmates spécifiques. — Walser, par exemple, décrit le cadre pigmentaire autour de la papille, les stries rayonnantes de pigment allant de la papille vers la région équatoriale du fond de l'œil, et ses observations sont assez analogues à celle de Plange (4) ; il ajoute, que les altérations observées dans ses cas étaient probablement consécutives à des plis de la rétine provoqués par des

(1) Cook. *Tortuosité rare des artères rétiniennes.* Annals of ophthalmology, no 2. avril 1897.

(2) B. Walser. *Drei Fälle eigenthümlicher streifiger Pigmentierung des Fundus.* Arch. f. Augenh., t. XXXI, 1895, 4., p. 345-358.

(3) H. Dood. *Congenital pigmentation of retina.* Opht. Society, vol. XV, 1895.

(4) Plange. Arch. f. Augenheilkunde. 1871.

hémorrhagies ou par l'œdème, comme on a eu l'occasion d'en observer *chez des enfants morts peu de temps
après leur naissance.*

Cette esquisse bibliographique n'a certainement
pas la prétention d'être complète au point de vue des
affections des membranes profondes de l'œil en rapport avec la syphilis congénitale. Nous avons voulu
la limiter à ce qui peut se rallier de près aux stigmates
ophtalmoscopiques *rudimentaires* de la syphilis congénitale, stigmates dont nous allons aborder l'étude.

CHAPITRE II

EXPOSÉ CLINIQUE ET ANATOMO-PATHOLOGIQUE

§ 1

Description des stigmates rudimentaires

Nous désirons, tout d'abord, décrire ce que nous considérons comme *stigmates ophtalmoscopiques rudimentaires* ; dénomination par laquelle nous voulons seulement indiquer, que les lésions des différentes parties du fond de l'œil sont dans ces cas de telle nature, à ne pas se manifester par des troubles fonctionnels considérables, du moins à l'examen subjectif ordinaire de la vision, et qu'elles sont assez légères pour pouvoir parfaitement passer inaperçues à l'examen optalmoscopique d'un observateur non prévenu de leur valeur.

Ces stigmates sont à rechercher : 1º) dans la papille, surtout pour ce qui regarde sa coloration, son bord, ses vaisseaux ; — 2º) le long de ces vaisseaux, surtout au moment où il franchissent le bord de la papille, et ensuite dans la zone péripapillaire ; — 3º dans cette dernière zone, péripapillaire ou centrale, surtout pour ce qui regarde sa coloration, sa pigmentation, etc. ; — 4°) dans toute l'étendue du fond de l'œil, en y considérant d'abord la zone péripapillaire et la région de la macula, ensuite la zone équatoriale ou moyenne, et enfin la zone périphérique ou antérieure.

1° *Quant à la papille*, sa teinte un peu pâle, dans tout le disque ou en partie, de même que sa teinte grisâtre, blanc sale, en totalité ou en secteur, vont presque toujours ensemble avec la diffusion plus ou moins marquée et plus ou moins étendue, de son bord. Ce *bord flou*, tel qu'il est représenté dans plusieurs de nos figures, est déjà, à lui seul, très significatif ; mais il existe souvent, à son niveau, un autre stigmate d'autant plus important à signaler qu'il est considéré comme particularité exceptionnelle du fond de l'œil *normal* (1), et qu'il n'en est pas moins caractéristique, croyons-nous, de la syphilis congénitale du fond de l'œil.

Il s'agit d'un *cadre pigmentaire*, qui est le plus souvent très mince et partiel, moins souvent complet ou presque complet, mais toujours bien noire et assez mince, rarement plus large et dégradant vers la *teinte ardoisée de la région péripapillaire*, que nous aurons

(1) Voir, par exemple, les planches 1, 6 *b*, 7, 9, 18 etc., de l'Atlas de Haab, et plusieurs figures de l'*ophtalmoscopie clinique* de Wecker et Masselon. Dans les superbes planches de l'Atlas récent de Oeller, le « *Aderhautring* » normal et ses *formes*, selon nous, *pathologiques* ne se trouvent pas figurés.

à signaler tout à l'heure. Un regard à nos figures vaudra mieux que toute description. En général, le bord du cadre pigmentaire qui touche à la papille est bien tranché, tandis que l'autre bord est irrégulier, déchiqueté, ou dégradant comme nous l'avons dit. Assez souvent, secteurs de cadre pigmentaire et secteurs du bord papillaire dépourvus de pigment mais flous et déchiquetés, s'alternent comme dans la planche 32 de l'Atlas de Haab et comme dans quelques unes de nos figures

2°) Quant aux *vaisseaux*, sur le disque optique nous pourrons remarquer souvent leur calibre réduit, surtout pour les artères ; mais, ce qui est encore plus caractéristique, c'est l'effacement de leurs bords au moment où il passent de la papille sur le fond chorio-rétinien. Ces bords sont presque voilés, ou longés d'une fine lisière blanchâtre. Parfois l'effacement gagne toute la largeur du vaisseau, de sorte que celui-ci apparaît complètement, ou presque complètement, interrompu. Lorsque les étranglements, les irrégularités de calibre, les traînées blanchâtres aux bords, sont bien manifestes dans le segment des vaisseaux qui parcourent la zône péripapillaire, les stigmates vasculaires cessent presque d'être rudimentaires, et ne laissent plus aucun doute (1).

3°) La *zone péripapillaire*, à part des altérations des vaisseaux dont nous venons de parler, et à part,

____

(1) Lire, par ex., les belles observations de M. Meyer, dans le mémoire que nous citons page 40.

bien entendu, des véritables foyers atrophiques où pigmentaires, peut présenter deux sortes de stigmates rudimentaires.

Le plus souvent, c'est une *teinte ardoisée* tout à fait particulière (v. nos figures) qui, elle aussi, a été désignée uniquement comme variété de fond d'œil normal (1), tandis que pour nous sa signification pathologique peut être certaine ; cette teinte ardoisée est en général plus foncée, gris-rougeâtre ou marron, immédiatement autour de la papille, et dégrade plus ou moins vite à la périphérie, toujours d'une façon graduelle, de manière à s'effacer tout à fait, au bout de deux ou trois diamètres papillaires.

L'autre stigmate, moins rudimentaire il est vrai, consiste dans la *suffusion rétinienne*, qui occupe parfois, avec sa teinte grisâtre très légère, des segments de la région péripapillaire compris entre deux vaisseaux, plus ou moins près du bord de la papille.

La *pigmentation grenue*, dont nous parlerons à propos de la région équatoriale, est rare dans la région péripapillaire. Quant à la région maculaire, nous ne nous y arrêtons pas, car les lésions qui peuvent s'y rencontrer, et assez rarement, il faut dire, par syphilis

---

(1) Voir, par exemple, les planches, 1, 6, 12, 22, 28 et 32 de l'Atlas de Haab et quelques planches de l'Atlas récent de Oeller. Les figures 37, 38 et 39 de l'Atlas de Jæger nous paraissent également *suspectes*, surtout la dernière, à cause de l'aspect des vaisseaux, des dépôts pigmentaires au bord de la papille et de la teinte ardoisée de toute la région centrale.

héréditaire, sont toujours bien loin d'être rudimentaires.

4°) Dans toute l'étendue du fond de l'œil, *zone équatoriale et zone périphérique*, les stigmates rudimentaires peuvent être, au point de vue clinique, de deux
ordres différents ; c'est-à-dire *surpigmentation* ou
dépigmentation. Les deux sortes d'altérations, à savoir l'atrophie, de même que l'hyperplasie ou la disposition anormale du pigment dans la chorio-rétine,
peuvent présenter une forme diffuse ou bien une forme
à foyers ; comme types rudimentaires de la *forme
diffuse* (car la forme à foyers donne des stigmates qui
cessent d'être rudimentaires), nous devons signaler
d'une part la *décoloration* et de l'autre la *pigmentation grenue* du fond de l'œil.

La *décoloration*, telle que nous l'entendons, ne sau-
rait avoir, à elle seule, aucune valeur, car un fond d'œil
normal peut certainement être moins foncé que la
moyenne. Nous reviendrons sur la question. Disons,
pour le moment, que la dépigmentation diffuse nous
a montré les plus différents degrés dans un grand
nombre de nos observations, jusqu'à atteindre une véritable *albinisme du fond de l'œil*, pour ainsi dire, chez
des sujets autrement bruns, à tare congénitale certaine. (Observ. VIII, LXXXVIII, etc.).

La *pigmentation grenue*, en tant que stigmate rudimentaire, est fréquente surtout dans la région équatoriale, plus rare dans la région périphérique, exceptionnelle dans la région péripapillaire. Elle est repré-

sentée, sous une forme très avancée, dans la planche 31 de l'Atlas de Haab, et comme stigmate rudimentaire dans quelques-unes de nos figures.

Cet aspect du fond de l'œil, tout à fait particulier, compte, selon nous, parmi les stigmates rudimentaires précieux. C'est un pointillé des plus fins, qui change le rouge normal du fond de l'œil en un rouge plus foncé, brunâtre, mais différent de la teinte ardoisée dont nous avons déjà parlé. Il va sans dire, que la pigmentation grenue s'observe rarement seule, parmi les altérations pigmentaires d'un fond d'œil hérédo-syphilitique. Le plus souvent, nous l'avons vue combinée à des formes en foyers; ces derniers constituent les petits corpuscules osseux de la rétinite pigmentaire, sur le fond grenu de la région équatoriale, ou bien des véritables foyers choroïdiens, plus ou moins larges et nombreux, surtout manifestes en allant de la région équatoriale vers l'ora serrata. Il est très rare de constater simplement une pigmentation grenue vers l'ora serrata, sans d'autres altérations diffuses de la région équatoriale.

Cette énumération des *stigmates rudimentaires* était nécessaire aussi pour rendre claire au lecteur la terminologie adoptée dans la partie documentaire se rapportant aux planches qui accompagnent notre travail. Qu'il nous soit permis, maintenant, d'examiner un peu plus de près les stigmates en question, et ensuite leur ensemble.

§ 2

**Analyse des stigmates rudimentaires en rapport avec les particu-
larités normales du fond de l'œil, avec quelques-unes de ses
lésions bien caractérisées, et avec les altérations anatomo-pathologiques relatives.**

a) Quant à la *papille*, son atrophie, parmi les stigmates ophtalmoscopiques de la syphilis congénitale,
n'est pas fréquente, du moins comme altération bien
manifeste. La moitié temporale du disque optique, qui
présente déja une teinte plus claire dans les conditions normales, est le segment ou la décoloration atrophique se manifeste plus précocement et se reconnaît
le plus facilement.

La teinte pâle que la papille nous montre, dans toute
son étendue ou seulement dans un secteur, prouve-
rait l'organisation d'un véritable connectif à la place
de l'ancienne infiltration ; tandis que la teinte grisâtre montrerait simplement la sclérose de la névroglie
dans l'extrémité bulbaire du nerf optique (Guépin et
d'autres).

Mais ces distinctions sont quelque peu artificielles ;
même dans le tabès, parfois la papille atrophique est
presque blanche, comme parfois à la suite d'une véritable papillite le disque optique est plus ou moins grisâtre. D'autre part, organisation cicatricielle de l'infiltration inflammatoire et sclérose de la névroglie,
peuvent très bien coopérer, dans des proportions diffé-

rentes, aux lésions d'une papillite interstitielle, et nous devons nous contenter de reconnaître ces altérations de la papille, même dans leurs degrés rudimentaires, et surtout savoir que ces apparences du nerf optique ne suffisent pas à nous indiquer le degré de l'altération fonctionnelle. Une papille presque blanche peut se trouver dans un œil dont la vue est parfaite, tandis qu'une papille à peine différente de l'aspect normal se rencontrera dans un œil avec acuité plus ou moins considérablement compromise.

Nous croyons que les altérations de la papille sont toujours, ou presque toujours, secondaires ; surtout dans les formes exclusivement ou éminemment centrales de l'hérédo-syphilis du fond de l'œil.

Les localisations *primaires* de la syphilis en général, dans le nerf optique, sont en effet très rares (Alexander) et, d'autre part, une véritable névrite optique, comme elle a été signalée dans quelques cas de syphilis acquise, laisserait des lésions organiques et fonctionnelles que nous ne rencontrons jamais avec les stigmates hérédo-spécifiques dont nous nous occupons (1).

Il est évident que les altérations vasculaires qui forment l'élément essentiel, peut être le point de dé-

---

(1) Le nerf optique est, néanmoins, assez souvent le siège de manifestations syphilitiques, et il nous suffirait de citer la statistique d'Alexander qui, parmi 1385 cas d'affections oculaires spécifiques compte 568 cas (40,93 pour 100) où le nerf optique était intéressé. Il est vrai, qu'une partie de ces cas rentrent plutôt dans la syphilis du système nerveux que dans la syphilis oculaire, puisque l'affection

part, de la rétinite centrale et si souvent aussi de la choroïdite plus ou moins diffuse, doivent provoquer des troubles de nutrition dans le tissu de la papille. Ces troubles peuvent bien aller jusqu'à une papillite interstitielle des plus lentes, mais il s'agit toujours d'un processus secondaire, ou tout au plus concomittant, de celui qui s'établit dans les membranes oculaires, et rarement il en résulte une atrophie plus ou moins avancée des éléments nerveux. Il est même très important de noter, que malgré l'aspect pâle assez frappant de la papille, l'acuité visuelle peut se montrer normale, le champ visuel à peine réduit à la phériphérie, et quelquefois seulement pour les couleurs. Lorsque les altérations du fond de l'œil sont plus graves, et qu'il n'y a pas de scotome central en rapport avec des foyers maculaires, la réduction de l'acuité est à rapporter exclusivement à l'atrophie papillaire, atrophie secondaire, dont le degré n'est pas toujours en rapport avec la pâleur du disque optique et avec les autres signes ophtalmoscopiques.

En résumé, au point de vue des *stigmates rudimentaires se rapportant à la papille et au nerf optique :*

Dans quelques cas, qui formeraient presque le lien

du nerf optique est secondaire à une méningite basilaire, à une gomme ou à d'autres manifestations encéphaliques. Toujours est-il que la névrite optique rétrobulbaire, en général, dans la syphilis acquise ou congénitale, est beaucoup moins rare de ce que l'on croit généralement.

entre les stigmates rudimentaires et les lésions bien
caractérisées, la teinte blanche-grisâtre de la papille,
l'effacement ou l'irrégularité de son bord, un certain
dégré de replétions des veines, l'amincissement des
artères, leur changement de calibre et leurs traînés de
périvasculite, autorisent franchement au diagnostic de
papillite régressive.

Dans d'autres cas la décoloration partielle de la papille, en rapport avec les altérations fonctionnelles (de
l'acuité ou du champ visuel), en défaut d'autres stigmates, même rudimentaires, de la région centrale du
fond de l'œil, autorisent plutôt au diagnostic d'une névrite rétro-bulbaire évoluée depuis plus ou moins longtemps.

Lorsque les manifestations oculaires de la syphilis
héréditaire sont plus graves, nous devons admettre
une véritable *névrite optique*, qui manifeste ses suites surtout, et à part les stigmates papillaires, par
la limitation périphérique irrégulière du champ visuel.
Il est utile de faire remarquer, avec Horstmann (1).
que l'altération du nerf optique, surtout de ses faisceaux axiales, doit se rapporter aux lésions des vaisseaux centraux ; il s'agit, donc, d'une névrite optique
interstitielle, rétrobulbaire, limitée au segment du
nerf compris entre la papille et la région d'entrée
de l'artère centrale. Les lésions de cette névrite com-

(1) HORSTMANN. *Ueber Neuritis optica specifica*. Knapp's Arch.
f. Augenheilk, Band XIX, S. 454.

pliquent celles qui sont provoquées dans la papille, simplement par collatéralité (cercles vasculaire de Haller) des altérations rétiniennes centrales et choroïdiennes. Enfin, de même que la rétinite centrale laisse indemne le plus souvent la région maculaire, la névrite rétrobulbaire axiale respecte le faisceau maculaire ; et voilà encore une raison pour laquelle, chez les jeunes hérédo-syphilitiques, nous trouvons si souvent une acuité parfaite, malgré des stigmates ophtalmoscopiques même assez bien caractérisés.

Dans quelques-uns de nos cas la teinte pâle ou blanc sale de la papille, en totalité ou par plaques (obs. III, L, LVII, etc.), le dépôt de pigment le long de son bord, la diffusion de ce bord dans des secteurs ne montrant pas de cadre pigmentaire, le calibre relativement considérable des veines et le calibre réduit des artères, ne laissaient aucun doute sur l'atrophie de la papille, secondaire à une ancienne névrite optique rétrobullaire. En consultant, en rapport à ces cas, dans plusieurs atlas d'ophtalmoscopie, les planches qui figurent l'atrophie papillaire de cette nature, nous avons reconnu plusieurs fonds d'yeux de nos observations d'hérédo-syphilitiques ; mais, ici encore, je veux insister sur les formes *rudimentaires* de ces altérations, sur les cas où il faut être vraiment prévenus, pour ne pas croire à un fond d'œil normal, avec particularités sans valeur pathologique.

Il en est de même des altérations de la région péri-papillaire, de la région équatoriale ou de la périphérie du fond de l'œil. La teinte ardoisée, la pigmentation grenue, se trouvent représentées sur plusieurs planches des atlas d'ophtalmoscopie, comme nous l'avons dit, parmi les particularités du fond de l'œil normal. Mais je dois ajouter, que dans quelques-unes de ces planches, par exemple dans l'ouvrage de Gowers (1) et dans celui de Loring (2), j'ai vu avec plaisir la teinte ardoisée ou la pigmentation grenue, et même le cadre pigmentaire rudimentaire, reproduits sur des figures se rapportant à l'atrophie secondaire de la papille, ou à d'autres altérations bien caractérisées, de la choriorétine. Tout en méconnaisant, donc, la valeur de ces stigmates rudimentaires, les observateurs consciencieux les ont reproduits fidèlement dans leurs dessins ophtalmoscopiques (3).

Nous pouvons dire une fois pour toutes, du reste, pour nos *stigmates rudimentaires*, la même chose que pour tous les symptômes en général, d'après la belle comparaison de Charcot. Chaque *stigmate* représente une *let-*

(1) Gowers. *Medical opthalmoscopy*, 2· édition 1882. Voir, par ex., les fig. 4 et 5 de la planche 2. La fig. 2 de la planche VIII représente, bien entendu à un degré beaucoup plus avancé, les stigmates que nous avons signalés comme rudimentaires à l'égard des vaisseaux.

(2) E. G. Loring. *Text boock of ophtalmoscopy*, 1896. Les figures 1, 2 et 3 montrent très bien la pigmentation grenue de la région péripapillaire, et les deux premières le cadre pigmentaire.

(3) Signalons, aussi, les belles planches 31, 32 et 33 de l'Atlas de Haab où, à côté d'altérations hérédo-syphilitiques bien caratérisées du fond de l'œil, sont fidèlement reproduits des stigmates rudimentaires, sans, néanmoins, faire ressortir leur valeur.

tre, qui à elle seule n'aurait pas, ou presque pas, de valeur ; mais un certain groupement de ces *lettres* forme un *mot*, et c'est ainsi que le fond de l'œil nous suggère de dépister la syphilis congénitale. Si d'autres *stigmates* personnels, ou des données anamnestiques précises, nous confirment la tare soupçonnée, c'est une série de mots, c'est toute une *phrase* que nous obtiendrons de notre examen, et cette *phrase* aura la plus grande valeur pour le sort du malade, car le traitement précoce et bien dirigé lui évitera bien des fois toute une série d'autres manifestations, d'autres *phrases*, qui, au lieu d'être un avertissement, seraient des arrêts de lésions plus ou moins graves.

b) Les *altérations des vaisseaux rétiniens*, surtout l'épaississement de leurs parois, ont été signalés d'abord par Hutchinson(1), à propos d'un cas de choroïdite syphilitique héréditaire. Ensuite, Edmunds et Brailey (2), Nettelship (3) et Schobl (4) ont insisté sur les lésions artérielles dans la rétinite syphilitique soit acquise, soit héréditaire : périvasculite, c'est-à-dire prolifération et néoformation cellulaire dans l'adventice des vaisseaux centraux, et endo-vasculite, c'est-à-dire épaississement de la tunique interne et prolifération de l'endothèle, provoquant surtout le rétrécissement de la lumière des vaisseaux, jusqu'à l'oblitéra-

---

(1) Hutchinson. Opht. Hospit. Rep., I, II, 1858-1860.
(2) Edmunds et Brailey. Opht. Hospit. Rep., X, 1880-1882.
(3) Nettelship. Opht. Hospit. Rep , XI, 1, 1886.
(4) Schobl. *Centralbl. f. prakt. Augenheilk.*, novembre 1888.

tion complète de quelques branches artérielles. Tous
ces auteurs n'ont pas manqué d'indiquer, comme
M. Meyer le remarque (1), l'analogie de ces altérations
avec celles décrites par Heubner (2) comme une affection syphilitique des artères cérébrales et confirmées
aussi par Friedlaender (3), Koester (4) et Baumgarten (5). Pour les affections syphilitiques de la peau Balzer (6) avait fait la même constatation, et Deyl (7), plus

(1) E. MEYER. *Contribution au diagnostic ophtalmoscopique des
altérations des parois vasculaires dans la rétine. Revue génér.
d'Ophtalmologie*, 31 mars 1892, p 97 à 113. Voir, dans cet intéressant mémoire, surtout l'observation II (p. 104) et la fig. 3 qui l'accompagne. Les altérations vasculaires, dans ce cas, furent saisies
tout à fait à leur début ; elles ouvraient la scène des manifestations
hérédo-spécifiques du fond de l'œil, chez une fillette de 8 ans, qui,
à part des malformations dentaires mal caractérisées et à part les
lésions oculaires, ne présentait pas d'autres stigmates.

Dans l'observation III (p. 106 à 118 et fig. 4) nous trouvons d'intéressantes remarques à propos de l'endroit d'élection des altérations vasculaires visibles à l'ophtalmoscope (*à une petite distance
du point où les artères franchissent le bord de la papille*) et à
propos de l'aspect ophtalmoscopique (*nuance rosée, jaunâtre et
translucide du vaisseau*, etc.) dû à la dégénérescence hyaline des
paroix vasculaires, d'après les recherches anatomiques de Leber et
du duc Charles de Bavière sur la rétinite néphrétique.

Enfin, dans un post-scriptum du mémoire de M. Meyer nous trouvons deux autres observations d'artérite du fond de l'œil, par syphilis acquise, montrant que les stigmates vasculaires persistent lorsque
la rétinite est guérie et la V. redevenue normale.

(2) HEUBNER. *Die luetische Erkrankungen der Hirnarterien*,1874.

(3) FRIEDLAENDER. *Centralbl. f. die med. Wissensch*,, IV, p. 65,
1876.

(4) KOESTER. *Berliner klin. Wochenschr.*, n. 31, 1886.

(5) BAUMGARTEN. *Virchow's Archiv.* LXXIII, p. 102,1876.

(6) BALZER. *Revue de Médecine* 1884.

(7) DEYL. *Casopis leh. cesk.*, XXVI, 1887.

tard, pour d'autres organes, aussi bien sur des fœtus syphilitiques morts que sur des tissus extirpés à des malades syphilitiques.

Sur l'importance capitale, que nous devons attribuer aux *altérations vasculaires*, dans la plupart des manifestations plus ou moins tardives de syphilis oculaire, ont encore dernièrement insisté Alexander (1) et Galezowski (2). Or, la valeur des altérations vasculaires du fond de l'œil se trouve justement démontrée de la façon la plus évidente par les lésions hérédo-syphilitiques dont nous parlons ; car dans les différentes formes de choroïdite, rétinite et neuro-rétinite, hérédo-spécifiques, même rudimentaires, les lésions des vaisseaux centraux rétiniens, telles que nous les avons déjà énumérées, ne sauraient être ni plus manifestes ni plus fréquentes.

Les *altérations vasculaires*, du point de vue de nos stigmates, peuvent se résumer ainsi :

1° Artères, en général, plus ou moins amincies, comme on le voit, au dernier degré, dans les cas graves de rétinite pigmentaire. — 2° Très souvent des interruptions des vaisseaux, surtout des artères, le long d'un petit segment, en correspondance du bord de la papille ou à une courte distance de ce bord, là où il

(1) ALEXANDER (Aix-la-Chapelle). *Des altérations vasculaires dans les affections syphilitiques de l'œil.* Soc. des natural. et médecins allemands, session annuelle de 1895. (Annales d'ocul., 1895: déc. p. 463).

(2) GALEZOWSKI. *Des artérites syphilitiques rétiniennes.* Soc. franç. de dermat. et syphil. Séance du 9 juin 1896.

apparaît plus ou moins flou ou déchiqueté, où bien là où la région péri-papillaire montre les plaques ou traînées de suffusion blanchâtre dont nous avons parlé. En d'autres termes, un petit trait du vaisseau rétinien est oblitéré, à la suite de l'épaississement des parois (endovasculite, prolifération de l'endothélium), ou bien il est caché par le tissu de néo-formation inflammatoire, organisé dans les couches rétiniennes (périvasculites). — 3° A cause de ces processus d'endovasculite et périvasculite et à cause des organisations exsudatives, il se produit par ci par là une certaine irrégularité de calibre des vaisseaux, quelquefois très manifeste en examinant surtout les petites artères à l'image droite. Quelques segments de ces vaisseaux peuvent même présenter des rétrécissements et des dilatations alternés, sous forme de série d'ampoules allongées. — 4° Les altérations des veines centrales sont moins caractéristiques ; néanmoins elles montrent assez souvent un calibre relativement excessif, un parcours trop ondulé ou franchement tortueux, et plus rarement quelques dilatations variqueuses de certains segments péripapillaires (probablement stase veineuse, par diminution de la *vis a tergo* en rapport avec les lésions artérielles). — 5° Les altérations du système capillaire se manifestent surtout dans la papille, dont la teinte pâle est due en partie à l'atrophie des éléments nerveux et à la prolifération de la névroglie, mais surtout à l'anémie relative, qui accompagne les suites de cette papillite interstitielle.

Plus souvent encore, l'atrophie de la couche chorio-capillaire, surtout vers l'ora serrata, caractérise les formes exclusivement ou à prévalence *périphériques*, de la chorio-rétinite hérédo-spécifique.

Il faut tenir compte de ceci : que, chez l'homme, plus que chez tous les autres mammifères à circulation rétinienne autrement bien développée, la rétine doit sa nutrition presque exclusivement à ses propres vaisseaux (centraux). La choroïde exerce, elle aussi, dans les conditions physiologiques de l'œil humain, une fonction nutritive, surtout pour les couches externe de la rétine, mais son importance est beaucoup moins grande que celle des vaisseaux centraux; en effet, l'arrêt de circulation dans ces derniers, pendant quelques heures seulement, suffit à provoquer la cécité permanente et l'atrophie des couches cérébrales de la membrane, tandis que la rétine décollée peut rester des semaines ou des mois séparée de la choroïde sans subir d'atrophie.

Par les altérations des vaisseaux centraux, nous pourrions donc nous rendre compte de toutes les altérations ophtalmoscopiques ou fonctionnelles qui s'accompagnent aux stigmates vasculaires, même rudimentaires, du fond de l'œil. Ajoutons, néanmoins, que si les altérations, surtout fonctionnelles, ne sont pas aussi fréquentes et considérables que les stigmates vasculaires rétiniens le feraient supposer, cela tient à la fonction vicaire de la choroïde, qui peut aller — par exemple dans les cas d'embolie de l'artère centrale — jusqu'à assurer la nutrition des cellules visuelles.

Il y a, pourtant, une couche rétinienne dont la nutrition se trouve directement et principalement assurée par la choroïde. Nous voulons dire l'épithèle pigmenté ; ses cellules sont, en effet, les premières à s'atrophier à la suite de décollement (Baquis) (1). Nous comprenons alors la fréquence des stigmates pigmentaires *rétiniens* (pigmentation grenue, dépigmentation diffuse, etc) lors même qu'il n'existe pas d'autres stigmates rétiniens ni des vaisseaux centraux, et que la choroïde seulement, par des stigmates également pigmentaires ou par de véritables foyers anciens, montre d'avoir été le siège de manifestations héréditaires.

Nous n'avons pas besoin de dire qu'il faut se garder de prendre pour des trainées de périvasculite le double reflet qui longe parfois, surtout chez les enfants, les vaisseaux centraux dans la zone péri-papillaire. A part cela, que ces reflets sont plus brillants, plus linéaires et plus uniformes que les trainées de périvasculite, même les plus délicates, il y a un moyen assez simple pour sortir de tout doute : les reflets qui sont dus au miroitement de la surface rétinienne, là où les troncs les plus volumineux font saillie dans le vitré en soulevant la membrane limitante interne, se montrent plus

(1) E. Baquis. *A propos d'un cas de décollement rétinien, contribution à l'étude de la nutrition de la rétine*. Annali d'ottalmologia. Vol. XXV, p. 2-3 (1896) p. 241.

ou moins brillants, tantôt d'un côté du vaisseau observé, tantôt de l'autre, suivant la façon dont tombe la lumière réfléchie par notre miroir.

c) Il en est de même pour le miroitement de la rétine qui est dû, surtout chez les jeunes sujets, à la distribution des fibres nerveuses, et qu'il ne faudrait pas prendre pour un *défaut de transparence de la rétine* (stigmate rudimentaire de neuro-rétinite) ou pour un léger degré de *suffusion rétinienne*. Ce miroitement change avec les mouvements de notre miroir et, en ayant recours au grossissement que fournit l'image droite, on verra une striation rayonnante autour de la papille et s'accusant particulièrement du côté nasal, tandis que la véritable opacité ou suffusion rétinienne est beaucoup plus matte, mais uniforme, d'un aspect qui ne change pas avec les petites variations d'incidence de lumière.

La *suffusion rétinienne*, pour ne plus y revenir, est due à l'épaississement des couches internes de la rétine, surtout de la couche des fibres nerveuses, où sont distribuées les branches capillaires des artères centrales. Il s'agit d'une infiltration parvicellulaire diffuse, qui rend plus épais et moins transparent le tissu rétinien ; et c'est la même infiltration, plus ou moins organisée, qui cache quelques segments des gros vaisseaux, qui déforme le bord de la papille, en nous le montrant flou et déchiqueté.

Une infiltration analogue, mais localisée surtout

dans l'adventice des gros vaisseaux, en petits foyers se rapprochant des néoformations gommeuses, constitue les petites plaques blanchâtres et légèrement proéminentes, que Ostwalt, (1) Alexander (2) et d'autres ont décrit surtout dans la rétinite centrale de la syphilis acquise.

d) Quant au *cadre pigmentaire autour de la papille*, il rentrerait parmi les *stigmates pigmentaires*, dont nous parlerons tout à l'heure ; mais, qu'il nous soit permis de lui consacrer quelques lignes à part, car nous considérons ce stigmate comme étant des plus précieux.

Nous n'ignorons certes pas, que la région centrale du fond de l'œil est normalement la plus riche en pigment, soit en ce qui concerne l'épithélium rétinien, soit en ce qui concerne le stroma choroïdien. La partie la plus sombre de la choroïde est en général celle qui limite immédiatement l'émergence du nerf optique, et qui constitue souvent, à ce niveau, l'anneau noir plus ou moins net qui a reçu le nom d'*anneau choroïdien*. Mais, le *cadre* dont nous parlons est à l'anneau choroïdien comme la pigmentation grenue ou la teinte ardoisée bien prononcée de la région péri-papillaire sont à la pigmentation moyenne normale de cette région. Nous voulons dire, que le

(1) Ostwalt *Rétinite centrale syphilitique*. Communic. au Congrès de Heidelberg, 1888.
(2) Alexander. Ouvrages cités à p. 19.

dépôt de pigment autour de la papille, le *cadre* noir, complet ou en secteur, tel qu'il est représenté dans nos figures, diffère par sa teinte noire bien foncée, par son apparence de liseré bien net du côté de la papille et déchiqueté en dehors, par sa disposition, etc., du simple *Choroïdealring* des ophtalmoscopistes allemands.

Dans les atlas d'ophtalmoscopie, en général, anneau choroïdien physiologique et cadre pigmentaire péri-papillaire se trouvent représentés sur des planches de fond d'œil normal et sur des planches pathologiques, sans distinction aucune. Mais, la valeur pathologique du *cadre* ressort à l'évidence si nous considérons des planches reproduites d'après nature, comme nous l'avons fait remarquer, dans lesquelles un cadre complet est associé à d'autres lésions bien caractérisées de la région péri-papillaire, ou, parfois, un secteur de cadre se trouve du même côté où le fond de l'œil présente des foyers de choroïdite, ou d'autres altérations évidentes. Il nous suffira de signaler encore, à ce point de vue, plusieurs planches de l'atlas de Haab, par ex. la fig. 32, dans l'édition française publiée par Terson et Cuénod ; nous mêmes, nous avons presque toujours rencontré le secteur de *cadre* vers le même segment du fond de l'œil montrant les stigmates les mieux prononcés, dans la région péri-papillaires ou dans la région équatoriale (voir nos figures).

En résumé : l'*anneau choroïdien* normal est brun, le plus souvent complet, entourant le bord externe très net de l'anneau scléral, et dégradant du côté de la région péripapillaire ; le *cadre pigmentaire* est toujours bien noir, assez souvent partiel ou en plusieurs secteurs, rarement séparé du disque papillaire par un anneau scléral (1), présentant un bord net du côté de la papille et un bord plus ou moins déchiqueté vers la périphérie.

Il faut remarquer, aussi, que le secteur de cadre pigmentaire du côté nasal de la papille a une signification pathologique encore plus sûre que le secteur temporal (du côté de la région maculaire) ; car « en général dans « l'œil normal, lorsque le pigment s'accumule avec « une certaine abondance, c'est principalement au « côté temporal de la papille que le fait s'observe, le « pigment se trouvant refoulé en ce point par le déve- « loppement des fibres nerveuses qui s'effectue « surtout au côté opposé » (Wecker et Masselon (2).

(1) L'anneau choroïdien normal entoure l'anneau scléral, tandis, que le *cadre* supprime, comme nous venons de le dire, presque toujours ce dernier, en empiétant sur lui. Pour nous, les figures 2 et 7 de l'ophtalmoscopie clinique de Wecker et Masselon, dans les quelles une masse de pigment constitue un large secteur de *cadre* empiétant sur l'anneau scléral, représentent des *stigmates*. — Signalons, aussi, dans l'Atlas de Haab, la planche 16, *a* et *b*, où le *Choroïdealring* est figuré sur deux cas d'atrophie tabétique de la papille, et la planche 38 où le même détail — pour nous pathologique — accompagne 4 cas de lésions maculaires d'origine traumatique. Dans la fig. 28 du même ouvrage, enfin, nous voyons un anneau scléral et un anneau choroïdien diffus, comme détails physiologiques (?) d'un fond d'œil autrement atteint de lésions bien caractérisées des veines rétiniennes, *d'origine spécifique.*
(2) Ophtalmoscopie clinique, 2e édit., 1891, p. 64-65.

Notons, enfin, que l'origine du *cadre pigmentaire péri-papillaire* pourrait se trouver — du moins dans quelques cas, où sa teinte fortement noire et l'irrégularité de ses secteurs confirment notre façon de voir — dans des hémorrhagies des gaînes du nerf optique (neuro-rétinite ou névrite rétro-bulbaire), ayant fusé jusqu'au bord de la papille. Voir, par ex., les fig. 35 et 36 du *Manuel d'ophtalmoscopie clinique* déjà cité.

e) Nous arrivons aux *stigmates constitués par des altérations pigmentaires*.

Nous savons très bien, que les variétés du fond de l'œil, surtout en ce qui concerne sa pigmentation, sont très nombreuses ; de sorte que l'affirmation d'*altérations pigmentaires rudimentaires*, ayant une valeur pathologique, risque fort de rencontrer des sceptiques. Nous en avons eu, du reste, la preuve dans ce qui nous a été objecté par M. Armaignac, lorsque nous avons dû simplement résumer ce travail, pour une communication au dernier Congrès de la Société Française d'Ophtalmologie (Paris, mai 1897). Que notre distingué confrère de Bordeaux nous fasse l'honneur de parcourir cette thèse, surtout dans sa partie documentaire, et nous avons l'espoir de le compter parmi les convaincus de la valeur des stigmates ophtalmoscopiques rudimentaires dans la syphilis congénitale.

En commençant par la *teinte ardoisée de la région péripapillaire*, il faut rappeler que, même dans le fond de l'œil normal, la pigmentation, en ce qui concerne

l'épithélium rétinien, peut être surtout développée dans
la dite zone et dans le voisinage de la macula. Aussi,
nous nous serions gardés de considérer la simple
teinte ardoisée centrale comme un stigmate certain,
si nous ne l'avions pas rencontré presque toujours
associé à d'autres altérations bien caractérisées. En
outre, cette teinte ardoisée peut montrer toutes les
gradations vers la *pigmentation grenue* qui, elle, représente pour nous une altération pigmentaire déjà
nullement douteuse. — Enfin, et ce soit dit aussi pour
les autres stigmates dont nous parlons, on aurait mauvaise grâce à nier la valeur d'une altération quelconque,
seulement parce qu'elle est rudimentaire, toute proche
des variétés physiologiques. Nous voyons, en effet,
les altérations séniles de presque tous les tissus et
organes représenter des formes physio-pathologiques,
pour ainsi dire ; et rien n'est plus naturel que de reconnaître, dans les altérations morbides rudimentaires, des
caractères normaux, des modifications du type normal
qui s'écartent peu, ou même pas, des variétés soi-
disant physiologiques.

Puisque nous avons parlé d'altérations séniles, qu'il
nous soit permis de signaler de suite comme une *vieillesse précoce du fond de l'œil* l'aspect ophtalmoscopique appartenant à plusieurs de nos observations.

Il est bien connu, que lorsque l'épithélium rétinien
n'est pas très chargé de pigment, et qu'une pigmentation relativement abondante se trouve dans les cellules du stroma choroïdien, le fond de l'œil montre le

réseau vasculaire de la choroïde, plus ou moins nette-
ment dessiné, avec des taches noires, plus ou moins
foncées, indiquant les espaces intervasculaires. Quelquefois, c'est un lacis inextricable de vaisseaux se dé-
tachant sur un fond sombre, et cet *aspect tigré*, surtout vers l'ora serrata, est considéré comme tout à fait
physiologique chez les personnes âgées. Je l'ai vu prononcé au dernier degré, chez des malades atteints de
cataracte commençante, quelquefois polaire postérieure ; je n'aurais pas hésité, dans ces cas, à affirmer
l'existence d'une choroïdite, légère et chronique autant
que l'on voudra, mais néanmoins irréfutable, rien que
par l'aspect de la membrane. Or, l'idée de surpigmentation sénile physiologique de la choroïde est tellement
enracinée, que lorsque j'ai eu l'occasion de montrer un
de ces malades (1) à l'un des maîtres les plus autorisés
de l'ophtalmologie parisienne, il a bien voulu admettre
comme *probable* l'existence d'une uvéite tout à fait
périphérique, à cause des altérations dystrophiques
du cristallin et de quelques corps flottants existant
dans le vitré, mais il s'est refusé à reconnaître dans
l'altération choroïdienne qui était visible vers l'ora
serrata, et même dans la moitié antérieure de la zone
équatoriale du fond de l'œil, toute signification pathologique !

Cette digression nous sera pardonnée, puisqu'elle
peut montrer que des altérations sûrement pathol o

(1) Monsieur G. M...., consultant en juin 1897.

giques suivent de très près les altérations soi-disant
physiologiques séniles, et qu'il importe de tenir compte de ces rapports dans l'examen du fond de l'œil et
dans l'interprétation des variétés qui nous occupent
ici. En effet, pour revenir de près à notre sujet, lorsque
la zone équatoriale, et plus encore la région périphérique, du fond de l'œil d'un enfant ou d'un adolescent,
présente déjà l'aspect tigré de l'ora serrata des vieillards,
cette vieillesse précoce du fond de l'œil a pour nous une
signification pathologique indéniable. Du reste, grand
nombre des stigmates de la syphilis héréditaire font
de l'enfant hérédo-spécifique l'être chétif, rabougri,
que les praticiens reconnaissent à première vue et qu'ils
pourraient qualifier de *vieillard en miniature*. Quoi
d'étonnant, donc, si dans les cas moins graves de syphilis héréditaire, lorsque les stigmates sont plutôt lo-
calisés que généralysés, le fond de l'œil nous offre des
stigmates de sénilité précoce ?... Enfin, je n'ai presque
pas besoin d'ajouter, que l'aspect sénile du fond de l'œil,
dans nombre de mes observations, était associé avec
d'autres stigmates rudimentaires tels que la pigmentation grenue péripapillaire, le cadre de pigment autour de la papille, les altérations rudimentaires des
vaisseaux centraux, etc.

Ce que nous venons de dire s'applique aussi à
une certaine *décoloration ou dépigmentation diffuse de
la région centrale du fond de l'œil* que nous avons rencontrée, bien qu'assez rarement, chez nos hérédo-spécifiques. En effet, nous pourrions rapprocher cet

aspect à celui de *l'arc sénile péripapillaire*, que Wecker et Masselon signalent avec les paroles suivantes : « il se présente des cas, où les éléments de la choroïde se sont en quelque sorte raréfiés dans le voisinage de la papille et où celle-ci se trouve enveloppée, à part l'anneau sclérotical qui peut ou pas exister, d'une zone blanchâtre diffuse, analogue à l'atrophie choroïdienne contournant la papille, qu'on rencontre dans le glaucome... » (1)

Enfin, même dans la coloration de la papille, le fond de l'œil des hérédo-spécifiques peut se rapprocher de celui des vieillards. En effet, nous savons que chez les enfants le disque optique est, en général, rose, et quelquefois presque rouge, tandis que chez les vieillards on peut rencontrer une teinte rose-claire ou gris-rosâtre, qui constitue la *décoloration papillaire* partielle ou totale, dont nous avons aussi parlé à page 33 et suivantes.

Il est difficile, en général, pour ce qui concerne les altérations pigmentaires du fond de l'œil, de reconnaître exactement la part des lésions qui appartiennent à l'épithélium rétinien et la part qui appartient à la choroïde.

La *pigmentation grenue* représente sans doute une altération de l'épithélium rétinien, le premier degré de cette dégénérescence pigmentaire de la rétine qui va jusqu'à la forme rudimentaire ou bien caractérisée

(1) Ouvrage cité, p. 66.

de rétinite pigmentaire. Les rapports de la pigmentation grenue avec les altérations trophiques de la papille et de la rétine, plus souvent dans la région centrale et moins souvent dans la région équatoriale, sont évidents par le fait du cadre pigmentaire péripapillaire, de la décoloration partielle ou totale de la papille, des altérations des vaisseaux centraux, qui accompagnent toujours la dite pigmentation. Il nous est arrivé souvent de voir la pigmentation grenue de la région péripapillaire et la dépigmentation diffuse de la région équatoriale, sous une forme analogue, bien que beaucoup moins marquée, à celle représentée par la planche XXXI de l'Atlas de Haab (1).

L'état grenu du fond de l'œil peut être jusqu'à un certain point physiologique, nous le savons très bien, surtout si l'opthalmoscopie se fait à un grossissement considérable (image droite). Nous avons eu recours à l'image droite, pour nos dessins et aquarelles d'après nature. Mais lorsque, dans l'examen habituel à image renversée, la pigmentation grenue se présente même moins marquée que dans une de nos figures, nous n'hésitons pas à la compter parmi les *stigmates*. C'est, comme toujours, l'exagération ou la perversion des notes physiologiques, qui constitue des marques pathologiques (2).

(1) Edition française déjà citée, p. 123.

(2) La *pigmentation grenue* est donc pour nous l'expression d'une rétinite tout à fait rudimentaire. Nous la voyons bien représentée, avec une légère altération dans la coloration générale du

Le sémis pigmentaire, qui représente notre *pigmentation grenue*, se trouve enfin plus fréquemment limité à la périphérie du fond de l'œil, dans des zones plus ou moins étendues.

La *dépigmentation diffuse*, telle que nous l'avons souvent rencontrée dans la région équatoriale du fond de l'œil montrant des stigmates rudimentaires, est de même une altération de l'épithélium rétinien. Elle rappelle la couleur plombée du champ rétinien dans les cas de rétinite pigmentaire plus ou moins bien caractérisée. La belle planche 31 de l'atlas de Haab, déja citée, montre cette dépigmentation diffuse et la dégénérescence pigmentaire de la rétine, associées avec pigmentation grenue de la zone péri-papillaire, cadre péri-papillaire complet, décoloration de la papille, rétrécissement des vaisseaux, justement dans un cas de syphilis congénitale à stigmates ophtalmoscopiques bien caractérisés.

Quant à la *dépigmentation choroïdienne*, « il importe, disent Wecker et Masselon (1), de se mettre en garde contre une erreur de diagnostic qui consisterait à attribuer l'état caractérisé par la présence d'un dessin plus ou moins net des vaisseaux choroïdiens, à une disparition d'une partie des éléments de la cho-

fond de l'œil, dans la fig. 71 de l'Atlas de Jæger, dont le texte explicatif porte : *inflammation de la rétine* (p. 111 de l'édition publiée par de Wecker en 1870). Néanmoins, l'auteur déclare ce fond d'œil *d'une couleur et d'un grenu assez normaux.*

(1) Ophtalmoscopie clinique, 2e édition, 1891, p. 101.

roïde (atrophie choroïdienne). La teinte claire des cheveux de l'individu fournit déjà un précieux renseignement, mais d'autre part on s'assurera que, dans un cas physiologique, cet aspect du fond de l'œil se montre le même dans les divers points soumis à l'exploration, tandis que si l'on a affaire à une atrophie de la couche épithéliale et de la choroïde, l'atrophie en général aura plus particulièrement frappé telle ou telle région. »

La dépigmentation diffuse de l'épithélium rétinien peut donner lieu, il est certain, par suite de la dénudation du stroma-choroïdien, à la formation d'un dessin de taches qui est le même que celui bien connu, de la sénilité du fond de l'œil surtout vers la phériphérie. On aurait donc tort, nous aimons à y insister, de vouloir toujours refuser à l'aspect tigré du fond de l'œil toute signification pathologique, et cela surtout chez les jeunes sujets, seulement parce que les taches choroïdiennes plus ou moins intenses, dans les mailles du lacis vasculaire, affectent une distribution régulière et offrent un aspect analogue dans des points symétriques du fond de l'œil. Nous savons bien, que les taches irrégulières de forme et de siège, de la choroïdite disséminée, même légère, sont tout autre chose ; mais nous croyons que, *d'un côté la dépigmentation de l'épithélium rétinien et de l'autre côté la surpigmentation du stroma-choroïdien, peuvent caractériser, chez les adultes, en général, les formes diffuses et très légères de choroïdite chronique, si souvent en rapport avec les cataractes dystrophiques, et, chez les jeunes sujets en particulier, parfois le fond de l'œil hérédo-spécifique.*

A quoi devons-nous proprement attribuer la *teinte ardoisée* ? Est-ce une néoformation anormale des cellules pigmentaires, sans trop d'altérations morphologiques de ces éléments? Est-ce simplement une altération qualitative ou quantitative de l'activité métabolique des cellules, et, par suite, du pigment qu'elles renferment ?... Il serait difficile de le dire, et même d'entreprendre des recherches anatomo-pathologiques capables de répondre à une telle question.

Quant à la *pigmentation grenue*, il paraît juste de lui reconnaître comme cause anatomique la lésion peu avancée, mais plus ou moins étendue, de la couche rétinienne pigmentaire, dont les cellules laisseraient échapper, et se déposer à leur surface ou dans les interstices, les granules de pigment. Si une altération analogue atteint de plus hauts degrés, nous pouvons avoir les formes rudimentaires, ou plus ou moins caractérisées, de la rétinite pigmentaire. Mais, dès que l'ophtalmoscope montre des amas de pigment encore plus grands que les *corpuscules osseux* particuliers à la rétinite pigmentaire, il s'agit de lésions choroïdiennes proprement dites, foyers de choroïdite ou de choriorétinite. Il va sans dire, que même entre la *rétinite* pigmentaire pure et simple, si nous pouvons l'admettre, et la *chorio-rétinite* typique, il existe autant de forme mixtes de transitions, qu'il y a d'apparences ophtalmoscopiques variées, entre la pigmentation grenue de la région équatoriale, par exemple, et les amas de plus en plus grands de pigment vers l'ora serrata (1).

Que la rétinite pigmentaire soit, en réalité, une chorio-rétinite, des recherches hystologiques anciennes et récentes l'ont bien montré. Citons, par exem-

(1) Plusieurs planches de l'Atlas classique de Jaeger (*Traité des maladies du fond de l'œil*, par L. de Wecker et E. de Jaeger; Delahaye édit., Paris, 1870) nous montrent la signification pathologique du pigment accumulé au bord des staphylomes ou d'autres lésions péripapillaires.

La fig. 91 (planche XX) du même ouvrage, montre très bien notre *pigmentation grenue* de la région centrale, dans un cas d'affection maculaire, probablement congénitale (voir le texte, p. 149). Dans la fig. 77, dont le texte est intitulé : *Type de pigment de nouvelle formation*, nous voyons notre *forme rudimentaire de rétinite pigmentaire ou dégénérescence pigmentaire de la rétine*. Les fig. 54, 73, 74 et 75 montrent, sous une forme très manifeste, les altérations vasculaires dont nous avons signalé les formes rudimentaires. Enfin, la fig. 61 (*irritation de la rétine*, p. 89) et la fig. 62 (*inflammation de la rétine*, p. 71) montrent la diffusion du bord papillaire, la suffusion de la zone rétinienne péripapillaire et les altérations vasculaires que nous signalons dans quelques formes centrales d'hérédo-spécificité rudimentaire du fond de l'œil.

Parmi les planches déjà parues, du récent Atlas de Œller, les suivantes pourraient montrer au lecteur des altérations analogues, plus ou moins, à nos stigmates rudimentaires : — C. Tab. VII (*fundus leucæmicus*). Suffusion rétinienne péripapillaire, veines dilatées et tortueuses, bord nasal de la papille flou, secteur de cadre pigmentaire au bord temporal, pigmentation finement grenue de la région équatoriale (V = 1, dans les deux yeux, malgré des altérations identiques); — B. Tab. I (*neuritis optica*). Centre de la papille congestionné, bord papillaire flou, suffusion rétinienne péripapillaire limitée, veines légèrement dilatées et tortueuses, aspect tigré (dépigmentation rétinienne) de la région équatoriale (la fig. représente l'O. D., l'O. G. étant normal. Des deux yeux, V = 3/5 avec + 4. Chro-

ple, le dernier travail de Bürstenbinder (1), qui a constaté, aux endroits correspondants aux lésions rétiniennes, une augmentation d'épaisseur de la choroïde
avec atrophie de la couche chorio-capillaire et hyper-
trophie des parois des gros vaisseaux, obstruction
partielle de ces vaisseaux, infiltration diffuse et en
foyers de cellules rondes. Bürstenbinder conclut, du
reste, avec Wagenmann, que la rétinite pigmentaire
n'est pas une altération primitive de la rétine, mais
un processus choroïdien qui se propage à cette membrane par la voie des vaisseaux.

§ 3

Localisation des stigmates, dans les différentes formes de l'affection hérédo-spécifique rudimentaire du fond de l'œil.

Après avoir examiné isolément les *stigmates*, nous

matesthésie normale) ; — E Tab. V (*Atrophia strati pigmenti cir-
cumpapillaris congenita*). La dite atrophie est très marquée, et le
fond de la région péripapillaire en résulte presque plombé, tandis
que le secteur inféro-nasal est légèrement tigré (V = 1) ; — D
Tab. II (*Choroiditis disseminata*). Zone périphérique annulaire du
disque optique atrophique (blanche). Secteurs de cadre pigmentaire
péripapillaire, d'un aspect identique aux plaques noires des foyers
choroïdiens. Fond tigré, plaque plombées, zones d'atrophie choroïdienne ; — D Tab. V. (*Chorio-neuritis*). Très belle planche. Papille
gris jaunâtre, bord flou partout. Veines peu gorgées et tortueuses,
une en haut presque interrompue, cachée par la suffusion rétinienne
péripapillaire. Région équatoriale présentant des grosses taches ti-
grées et des petits et rares points de pigment noir (marbrure).

(1) BUERSTENBINDER. *Anatomische Untersuchung eines Falles
von Retinitis pigmentosa.* V. Graef's Arch. XLI, 4, p. 175-186 (1895).

désirons les étudier dans leur groupement, c'est-à-dire dans la *forme centrale* (papille et région péri-papillaire), dans la *forme périphérique* (région équatoriale ou région antérieure de la chorio-rétine) et dans les *formes mixtes*, qui résultent de la distribution différente des stigmates, dans les affections hérédo-syphilitiques rudimentaires du fond de l'œil.

a) Puisque dans la plupart des cas nos stigmates ne manquent pas de se présenter sur le disque optique et sur la zone qui l'entoure, nous commencerons par examiner la *forme centrale*. Elle peut représenter, bien qu'assez rarement, un exemple de localisation purement rétinienne, ou neuro-rétinienne, des altérations qui nous occupent.

Nous savons, que Jacobson le premier a insisté sur la possibilité d'une *rétinite syphilitique primaire et autonome*, tandis qu'en général on considérait toujours les lésions rétiniennes comme étant secondaires à celles de la choroïde (chorio-rétinite). Depuis, Mauthner, Alexander, Closen, Schweigger et d'autres, ont décrit, au point de vue clinique et anatomo-pathologique, les lésions rétiniennes dues à la syphilis. localisées surtout dans les couches internes de la membrane, et limitées le plus souvent à l'anneau péri-papillaire, avec intégrité de la région maculaire. Or, dans notre *forme centrale de la syphilis congénitale du fond de l'œil*, il s'agit justement d'une rétinite ou neuro-rétinite, telle que les auteurs que je viens de citer l'on décrite pour la syphilis acquise, mais dont nous pouvons constater seulement les suites.

Il n'en est pas moins vrai, que presque toujours la choroïde aura participé au processus pathologique de la vie embryonnaire ou de l'enfance, dans une étendue plus ou moins vaste et avec des altérations plus ou moins graves; et voilà ce qui rend les *formes centrales*, pures et simples, (telles que dans notre obs. XLV, O. G.), assez rares, et au contraire les *formes mixtes*, ou *diffuses*, de la syphilis héréditaire du fond de l'œil, de beaucoup les plus fréquentes. Enfin, si dans les formes purement centrales, ou avec des altérations équatoriales ou périphériques des plus légères, les stigmates ophtalmoscopiques sont des plus délicats, et si l'acuité visuelle est alors bien souvent normale, en contribuant à rendre ces cas méconnus, cela tient à la localisation que nous venons d'indiquer, limitée aux couches internes de la rétine et laissant indemne la région maculaire.

Cette localisation n'a rien d'étonnant, si l'on considère que les vaisseaux, voies principales de transmission pour les manifestations spécifiques, occupent dans la rétine la couche interne, celle des fibres nerveuses; nous avons vu, du reste, comme dans les *formes centrales* de la syphilis congénitale du fond de l'œil, les altérations délicates, mais toujours reconnaissables, des vaisseaux papillaires (endo-artérite et périvasculite), fournissent un élément constant et précieux de diagnostic. Il serait inutile d'insister sur ces altérations syphilitiques des vaisseaux, si complètement étudiées par Heubner (1) dans le cerveau, et par Appel (2), Ostwalt (3) et tant d'autres dans les membranes oculaires.

Le fait, que *les stigmates rudimentaires papillaires ou péripapilaires s'accompagnent souvent d'autres stigmates dans la région tout à fait périphérique du fond de l'œil*, trouve d'autre part son explication dans les considérations suivantes : D'abord, l'artère centrale de la rétine est une artère terminale, dans le sens de Cohnheim, et alors toute diminution de son calibre, comme à la suite d'endo-artérite, entraînera un défaut de nutrition dans le territoire des branches terminales, territoire où les tissus résisteront donc moins bien aux agents morbides. Quant à la choroïde, en second lieu, il faut considérer que sa zone périphérique, où s'épuisent les artères ciliaires longues, est très vascularisée, même plus que la zone péripapillaire, où pénètrent les vaisseaux ciliaires courts ; rien de surprenant, donc, si la région du tractus uvéal, immédiatement en arrière du cercle ciliaire, constitue un endroit d'élection pour les lésions chorio-rétiniennes, même encore plus que la région péripapillaire.

Dans les *formes centrales de nos stigmates rudimen-*

(1) Heubner. *Die luetische Erkrankung der Hirnarterien*, Leipzig, 1874.

(2) Appel. *Ueber specifische Gefässerkrankung des Auges*. Dissert., Würzburg, 1894.

(3) Ostwalt. *Ueber Retinitis syphilit.* u. s. w. Verhandlungen des *VII* internat. Ophtalmol. Congresses, Wiesbaden, 1888.

laires, en résumé, nous voyons les suites de la neuro-rétinite spécifique qui a dû se produire pendant la vie intra-utérine ou pendant la première enfance. Cette neuro-rétinite, qui est à peu près pathognomonique, se trouve fort bien représentée à sa période d'évolution, par ex., dans la planche XXII de l'atlas cité de Haœb. Elle est très souvent accompagnée de choroïdite ou chorio-rétinite plus ou moins diffuse, ce qui explique la rareté relative des formes *exclusivement centrales* de nos *stigmates.* Il est facile de comprendre que les reliquats de cette neuro-rétinite constituent la décoloration papillaire, les altérations du bord de la papille, les altérations du calibre et des parois des vaisseaux à ce niveau, et la teinte ardoisée péri-papillaire, que nous avons décrits parmi les *stigmates rudimentaires.*

Bien que le cadre pigmentaire péri-papillaire soit d'origine choroïdienne, sa présence avec des *stigmates* rudimentaires à localisation centrale n'a pour nous rien d'extraordinaire. Il suffit, en effet, de considérer que la neuro-rétinite spécifique retentit presque toujours sur la zone péri-papillaire de la choroïde, à telle enseigne que même dans l'atrophie post-inflammatoire du nerf optique, ou névrite atrophique, un anneau de teinte claire (atrophie choroïdienne) et quelques débris de pigment autour de la papille témoignent de la participation de la choroïde au processus inflammatoire (voir la planche XV *a,* de l'Atlas cité de Haab).

L'association fréquente de *stigmates papillaires* et de *stigmates choroïdiens*, dans la forme centrale de l'hérédo-spécificité ophtalmoscopique, ne nous surprendra pas, du reste, si nous considérons que la nutrition de la papille se fait surtout par les vaisseaux vaginaux (des artères ciliaires longues) et par le cercle de Haller (des ciliaires courtes) communiquant avec les vaisseaux de la choroïde.

Enfin la *choriorétinite centrale à forme diffuse*, c'est-à-dire celle qui n'est pas en foyers isolés, est relativement rare, mais tout de même pathognomonique de la spécificité. La fig. 63 de l'*ophtalmoscopie clinique* de Wecker et Masselon représente bien cette altération : la rétine a perdu sa transparence dans le voisinage de la papille, et le trouble rétinien se prolonge particulièrement le long des gros vaisseaux ; ceux-ci ne reparaissent avec leur netteté qu'à une distance de un et demi à deux diamètres papillaires ; le disque optique, malgré le voile qui l'enveloppe, peut être délimité à son côté temporal, mais, du côté nasal, il est assez dirficile de discerner exactement la papille de la rétine voisine. Or, il nous est facile de comprendre quels sont les stigmates rudimentaires qu'une telle forme de localisation oculaire, établie pendant la vie intrautérine ou la première enfance, peut laisser : la diffusion du bord papillaire, en premier lieu, et les altérations des vaisseaux centraux en second lieu.

b) A côté de la forme centrale de syphilis héréditaire du fond de l'œil, nous devrions considérer la *chorio-rétinite maculaire*. Elle est certainement rare, en tant qu'affection d'origine hérédo-syphilitique, et elle ne nous intéresserait pas de près, car notre but est surtout de signaler les stigmates ophtalmoscopiques *rudimentaires*. Mais, la lésion que nous venons de nommer mérite de nous arrêter quelques instants, à cause d'un intéressant travail de M. Rochon-Duvigneaud (1), qui concerne l'anatomie pathologique des manifestations hérédo-syphilitiques du fond de l'œil. Sans entrer, maintenant, dans les particularités de l'observation, notons que dans l'œil affecté, bien que la rétine paraissait spécialement atteinte au niveau de la tache de chorio-rétinite maculaire, c'était la choroïde que l'on était forcé de reconnaître comme le siège primitif des lésions.

La limitation du processus morbide à la région macu-laire de la rétine, alors que d'autres parties de cette mem-brane restent saines au contact d'une choroïde malade, doit trouver son explication, comme justement le fait remarquer M. Rochon-Duvigneaud, dans l'absence de vaisseaux rétiniens au niveau de la macula. Il y a là un *locus minoris resistentiæ*, au point de vue de la nutrition rétinienne, et c'est là encore un exemple d'une vulnérabilité spéciale, créée par une extrême spécialisation fonctionnelle. Dans toute l'étendue de

(1) Rochon Duvigneaud. *Examen hystologique d'une chorio-rétinite maculaire d'origine héréditaire syphilitique*. Archives d'ophtalmol. déc. 1895, p. 764.

la rétine, sans doute, la nutrition de ses couches externes est sous la dépendance des vaisseaux choroïdiens ; mais au niveau de la *fovea*, privée de vaisseaux,
c'est toute l'épaisseur de la rétine que est nourrie
par la choroïde, et Nüel (1) a même démontré une
richesse spéciale du système capillaire *choroïdien* au
niveau de la région maculaire, ayant pour effet de
compenser l'invascularité locale de la rétine. Ces conditions circulatoires spéciales sont de nature à modifier la pathologie chorio-rétinienne au niveau de la
macula, et d'autre part la richesse du réseau choroïdien est peut-être susceptible d'exagérer les réactions
inflammatoires à ce niveau. Mais surtout on conçoit
bien, que les altérations choroïdiennes aient un reten-
tissement particulièrement grave sur une région de
la rétine privée de vaisseaux, et dont la nutrition est,
par suite, à la merci des fonctions de la choroïde.

c) Nous serions tentés de considérer, dans la forme
centrale des *stigmates*, le *staphylome postérieur congénital*, surtout en rapprochant cette lésion de la myopie syphilitique dont nous aurons à parler. Mais, nous
devons avouer que parmi nos observations nous n'avons
pas rencontré de cas aussi démonstratifs que les belles
figures (18 à 21) de l'ophtalmoscopie clinique de Wecker et Masselon. Nous devons même dire, que les
cas de myopie monoculaire pouvant se rapporter à

(1) Archives d'ophtal. 1892.

des *stigmates* (voir page 88 et nos observations VXIII et XXX) montraient justement le caractère des *myopies sans staphylome*. Du reste, le staphylome postérieur congénital sortirait déjà du cadre des *stigmates rudimentaires*, et nous ne devons pas y insister. Nous voulons seulement signaler, à l'appui de notre opinion sur la valeur pathologique de l'anneau choroïdeal transformé en véritable cadre pigmentaire, que ces staphylomes congénitaux sont toujours compris, avec la papille, dans le même encadrement de pigment, plus ou moins large et entassé.

d) Si, dans la forme centrale de la syphilis congénitale du fond de l'œil, les altérations choroïdiennes ne manquent presque jamais, comme nous venons de le remarquer, elles constituent les stigmates principaux dans les autres formes, *équatoriales*, *périphériqnes et mixtes*, dont nous allons dire quelques mots.

Il est bien connu que le tractus uvéal dans ses trois segments — choroïde, cercle ciliaire et iris — est l'organe de prédilection des manifestations oculaires de la syphilis, qu'elle soit acquise ou congénitale (1). Mais, nous ne voulons parler, ici, que des lésions choroïdiennes les plus simples, qui contribuent aux stigmates ophtalmoscopiques, si souvent méconnues, de la syphilis héréditaire.

(1) Parmi les manifestations uvéennes de la syphilis *acquise*, les plus fréquentes sont celles de l'iris, puis viennent celles de la choroïde, enfin celles du corps ciliaire; en outre, tandis que l'iris peut être affecté dans la période secondaire aussi souvent que dans la

Les manifestations de cette dernière rentrent, en général, dans l'ordre des lésions tardives. Or, comme dans la syphilis acquise la choroïdite se manifeste le plus souvent dans une période plus ou moins avancée de la maladie, nous ne devons pas nous surprendre de la fréquence de la localisation choroïdo-rétinienne de la syphilis héréditaire. Dans un ordre de faits analogues, l'iris, qui est si souvent pris dans la période secondaire, présente beaucoup plus rarement la véritable forme gommeuse, et rarement aussi des lésions spécifiques congénitales, à part la décoloration qui, étant mono-latérale, donne le stigmate dit *œil varon* (Voir observation XXV).

La choroïdite de la période secondaire, presque toujours précédée ou accompagnée d'iritis ou d'irido-cyclite, affecte une forme plus ou moins grave, à cause de la nature de l'uvéite, richement exsudative, et de la période même de la maladie constitutionnelle. La choroïdite de la syphilis congénitale présente, par contre, une forme souvent très simple, justement parce qu'elle rentre dans l'ordre des manifestations les plus tardives. Jamais nous n'avons vu, dans le vitré des jeunes malades qui nous montraient des lésions congénitales, même très manifestes, du fond de l'œil, les flocons

tertiaire, la choroïde est prise seulement dans le stade tardif, même dernier, de la maladie. Comme la syphilis héréditaire comporte des manifestations en général analogues à celles de la spécificité secondaire avancée, ou tertiaire, nous ne sommes pas surpris de rencontrer, chez les hérédo-spécifiques, les lésions choroïdiennes beaucoup plus souvent que celles de l'iris et du corps ciliaire.

d'exsudation de la chorio-rétinite des adultes (1) ; et
cela non seulement parce que nous nous trouvons en
présence, chez les hérédo-syphilitique, de processus
inflammatoires souvent déjà évolués, mais aussi parce
que ces processus ont eu un decours des plus lents ;
decours caractérisé surtout par des altérations vasculaires discrètes, en rapport avec des exsudations souvent très limitées, facilement organisables, et entraî-
nant comme suites caractéristiques les irrégularités
de distribution du pigment (amas ou atrophie) et l'a-
trophie de certains éléments des membranes profondes
de l'œil.

La *localisation équatoriale*, pour ainsi dire, de la
chorio-rétinite syphilitique, est un caractère de la syphilis congénitale qui n'appartient pas, en général, aux
manifestations oculaires de la syphilis acquise. Nous
pourrions rapporter nombre de cas, en plus de ceux
qui se trouvent parmi nos observations à la fin de cette
thèse, où la région équatoriale du fond de l'œil montrait des lésions soit rudimentaires soit bien prononc-
cées, représentant les formes de passage de la simple
pigmentation diffuse ardoisée, ou de la simple dépigmentation également diffuse et légère, jusqu'aux
grosses taches d'atrophie choroïdienne, aux gros dépôts de pigments ou à une véritable *rétinite pigmentaire*. Cette dernière est, à vrai dire, une *chorio-rétinite exsudative équatoriale*, car, dans cette région du

____

(1) Un cas, tout à fait exceptionnel (observ. XXXV).

fond de l'œil la pigmentation caractéristique de la dégénérescence rétinienne est presque toujours accompagnée de plaques d'atrophie choroïdiennes ou d'autres lésions, qui représentent les restes de foyers chorio-rétinitiques. L'affection est un stigmate caractéristique de la syphilis héréditaire : pour ce qui concerne la consanguinité entre parents, nous avons
déjà affirmé notre opinion, qu'elle agit simplement
par la voie de l'accumulation de l'hérédité morbide. Mais, il y a des formes rudimentaires de rétinite
pigmentaire, ou le scotome annulaire n'existe pas, ni
l'héméralopie non plus, et où l'ophtalmoscope montre des lésions chorio-rétiniennes de la région équatoriale, plus ou moins légères, le plus souvent accom-
pagnées de stigmates papillaires ou péri-papillaires
et de lésions assez bien caractérisées de l'ora serrata.
La *forme équatoriale*, de la syphilis héréditaire du
fond de l'œil, est pourtant celle que plus rarement nous
pouvons rencontrer isolée. En effet, les lésions qui
la caractérisent sont presque toujours combinées avec
les altérations de la périphérie et de l'ora serrata, qui
témoignent d'une *choroïdite diffuse*, ou avec les altérations de la papille et de la région péri-papillaire, qui
témoignent d'une névrite optique et d'une chorio-rétinite centrale.

Comme nous l'avons dit pour la forme centrale, de
l'hérédo-syphilis oculaire, la forme équatoriale aussi
est le plus souvent *bilatérale* ; mais, elle peut se présenter, dans quelques cas, sur un seul œil. Il y en a, dans

la littérature, un cas rapporté par Günsburg (1) chez un homme de 38 ans, qui niait les antécédents spécifiques ; l'affection, comme Alexander le fait très bien ressortir en citant cette observation, devait tout de même se rapporter à la syphilis héréditaire, et, d'autre part, nous possédons une observation d'hérédo-spécificité nullement douteuse, qui nous montra la *chorio-rétinite équatoriale dans un œil, et une simple chorio-rétinite péripapillaire dans l'autre.*

Les lésions de la papille peuvent évoluer en même temps que la choroïdite diffuse, à prévalence équatoriale, et alors nous voyons plus tard, dans ces *formes mixtes,* en même temps que la dépigmentation tigrée de l'ora serrata et que la couronne équatoriale de pigmentation sous forme de corpuscules osseux, la papille blanche aux vaisseaux filiformes, qui caractérise la plupart des cas de rétinite pigmentaire. Mais si la neuro-rétinite survient plus tard que la choroïdite, comme le cas n'est pas rare, nous trouvons, en même temps que des lésions choroïdiennes manifestement anciennes, des altérations centrales qui, par la coloration grisâtre tachetée de la papille, par la suffusion de l'anneau de rétine qui l'entoure, par l'apparence des vaisseaux, etc., relèvent plutôt d'un processus inflammatoire chronique encore en évolution. Dans ces cas, dont notre observation IV était un exemple classi-

(1) GUNSBURG. *Ueber einen Fall von typischer Retinitis pigmentosa unilateralis.* Knapp's Arch. f. Augenheilk. Bd XXI, 1890, S. 184.

que, on aurait grand tort de ne pas conseiller sans retard le traitement spécifique énergique, car on a droit d'en espérer les résultats les plus satisfaisants.

Il nous semble intéressant de signaler, enfin, que les rapports différentiels, entre la choroïdite ou chorio-rétinite hérédo-syphilitique et la même maladie de la période secondaire de la syphilis acquise, sont analogues aux rapports différentiels qui existent entre la kératite parenchymateuse hérédo-syphilitique et la kératite de la syphilis acquise. Il résulte, en effet, des observations de Galezowski (1), Parinaud (2), Couzan (3) Chadeck (4), Millé (5), Trousseau (6), Valude (7), et de l'examen de plusieurs cas observés par nous-même ces derniers temps à la clinique de M. le docteur Landolt, que la kératite interstitielle de la syphilis acquise est très souvent unilatérale, qu'elle donne rarement lieu à des rechutes, qu'elle évolue avec des phénomènes inflammatoires et irritatifs très modérés et se termine assez rapidement, avec retour de la transparence normale ou presque normale de la cornée, sans vascularisation de la membrane ou avec vascularisatison

(1) GALEZOWSKI. Recueil d'ophtal. 1878, p. 302.
(2) PARINAUD: Arch. gén. de méd. 1883, t. II, p. 33.
(3) COUZAN. Thèse de Paris, 1883.
(4) CHADECK. Soc méd. de Kiew, 26 nov. 1883.
(5) E. MILLIÉ. *La France médicale*, 22 mars 1895.
(6) TROUSSEAU. *La kératite interstitielle dans la syphilis acquise.* Annales d'oculistique, 1895.
(7) VALUDE, *La kératite interstitielle dans la syphilis acquise.* Annales d'ocul. janvier 1897,

limitée et peu prononcée. D'une façon analogue, les affections syphilitiques *secondaires* du fond de l'œil, tout en étant assez souvent bilatérales, comme les mêmes affections dues à la syphilis congénitale, évoluent assez rapidement, avec des troubles visuels provoqués, dans la plupart des cas, uniquement par le trouble du vitré ; les foyers exsudatifs, de la choroïdite ou chorio-rétinite *secondaire*, disparaissent bientôt, sous l'influence du traitement, il en reste certainement des traces, souvent visibles à l'ophtalmoscope, mais l'affection ne présente pas le caractère essentiellement chronique des affections congénitales du fond de l'œil. Ces dernières, tout comme la kératite interstitielle de l'hérédo-syphilis, laissent toujours des traces anatomiques ou histologiques plus ou moins profondes, des marques cliniques rudimentaires ou bien manifestes, et surtout des *altérations fonctionnelles*.

Ce sont ces altérations qui expliquent la plus grande partie des cas *d'amblyopie congénitale*, soi-disant *sine materia* ; elles seront de mieux en mieux connues par des examens complets de la fonction rétinienne (périmétrie, photo et chromo-esthésiométrie) dans les cas où la syphilis oculaire congénitale est à soupçonner.

CHAPITRE III

CONSIDÉRATIONS GÉNÉRALES ET CONCLUSIONS.

§ 1

Remarques sur nos observations cliniques.

Le nombre considérable des cas où l'examen du fond de l'œil nous faisait dépister la syphilis congénitale nous a vraiment surpris, au cours de nos recherches. C'est souvent avec méfiance que nous avons poussé les investigations, devant quelques cas de stigmates ophtalmoscopiques rudimentaires, ou même assez bien caractérisés. Mais, il suffira au lecteur de parcourir la partie documentaire de notre travail, pour être convaincu, nous le croyons, que la valeur des stigmates du fond de l'œil nous a été mise en évidence par des observations irréfutables même par l'esprit le plus sceptique. Je veux signaler, par exemple quelques observations telles que la IV et la VI, où des manifestations plus tardives, tout à fait caractérisées, (syphilis du système nerveux, gommes) sont venues confirmer le diagnostic de syphilis congénitale qui avait été porté d'emblée à la simple constatation de stigmates ophtalmoscopiques rudimentaires.

M. le professeur Fournier a dépisté des cas de syphilis héréditaire rien que par la constatation du
sillon blanc qui, sous la forme d'une strie-linéaire,
parcourt horizontalement la couronne d'une dent (1).
Nous croyons que les stigmates ophtalmoscopiques
sont beaucoup plus sûrs, et en tout cas beaucoup plus
précoces, que ces malformations dentaires.

Du reste, dans tous nos cas, ces derniers temps,
l'examen ophtalmoscopiqne des enfants amenés à la
clinique du Docteur Landolt à cause de strabisme, pour
choix de lunettes etc., a été fait en premier lieu, avant
l'examen fonctionnel, avant toute autre investigation,
somatique ou anamnéstique; or, il nous est très rarement arrivé de nous abuser, quand le fond de l'œil
nous semblait tant soit peu *suspect*; et si, quelquefois, d'autres éléments confirmatifs ou diagnostic de
syphilis congénitale manquaient, ou étaient douteux,
très souvent, par contre, ils étaients plus ou moins
nombreux et certains.

Prenant donc comme point de départ des faits d'origine bien déterminée et constituant pour l'observateur des signes certains, il nous a été possible d'entreprendre l'étude des faits moins nets et plus douteux,
de reconnaître leur qualité de stigmates rudimentaires
et de les interpréter par rapport aux stigmates bien
caractérisés de la syphilis héréditaire.

(1) Citation dans la thèse de M. E. Fortin, *Valeur diagnostic des
malformations dentaires observées chez les hérédo-syphilitiques*
(Paris, 1896).

Qu'il me soit permis de signaler encore, à ce sujet, des observations telles que la XXIII, la XXXI, et bien d'autres, où l'examen ophtalmoscopique de la mère d'un enfant à fond de l'œil suspect, ou bien l'examen de plusieurs enfants de la même souche, nous ont confirmé, après l'éveil donné par les stigmates ophtalmoscopiques rudimentaires chez un seul de ces enfants, la tare spécifique chez plusieurs membres de la même famillle.

Mais, y a-t-il vraiment lieu de s'étonner, si dans une clinique ophtalmologique le nombre de jeunes sujets avec stimagtes hérédo-spécifiques du fond de l'œil peut être si grand ? Nullement, il me semble, si nous considérons que les oculistes sont les mieux placés pour observer les manifestations de la syphilis congénitale autant qu'acquise, puisque l'une et l'autre affectent si souvent l'appareil visuel. Nullement, si nous tenons compte encore de la fréquence des sujets syphilitiques, dans tout matériel de clinique. Hirschberg admet environ douze pour cent malades, tarés de syphilis congénitale (1), d'après les données de V. Graefe, de Coccius, de Blaschko, et les siennes propres.

Parmi les observations de Hirschberg, il s'en trouve

(1) HIRSCHBERG. *Ueber Netzhautentzündung bei angeborener Lues*. Deutsch. médic. Wochenschr., 1895, nᵒ 26-27. «..... *bei uns zu Lande kann man unter Mannern in der Blüthezcite des Lebens, zum Beispiel denen welche die Sprechslunde eines Augenarztes aufsuchen, etwa zwolf vom Hundert auffinden, welche erworbene Lues entweder noch zeigen oder durchgemacht haben.*

qui ont été entreprises chez des enfants de 5 à 18 mois, et suivies pendant plusieurs années jusqu'à l'adolescence du sujet, de sorte à pouvoir étudier et les résultats du traitement, et l'évolution des lésions, et leurs stigmates définitifs, ophtalmoscopiques et fonctionnels. Il s'agit, nous le répétons, toujours d'altérations macroscopiques du fond de l'œil, dans ces cas de Hirschberg ; mais ils nous sont précieux justement à cause de cela, car il nous offrent des éléments de comparaison, des points d'appui des plus sûrs, pour l'étude de la syphilis congénitale rudimentaire du fond de l'œil.

Ainsi, par exemple, nous trouvons dans une des figures du mémoire (la première) représentée notre pigmentation grenue de la région péri-papillaire, bien que l'auteur ne signale point ce détail (1), pour s'occuper seulement des foyers chorio-rétiniens bien caractérisés. Dans la figure 2, nous voyons la décoloration partielle de la papille, qui compte parmi nos stigmates *rudimentaires*, quand elle n'est pas très marquée ni accompagnée par d'autres lésions bien évidentes. Dans la figure 6 nous trouvons le *cadre pigmentaire* (2) irrégulier, autour de la papille, plus prononcé dans le secteur où le fond de l'œil montre le tacheté équatorial de petits foyers chorio-rétiniens. Dans la même

(1) Nous lisons seulement, p. 5, cette phrase : « *Die Netzhautmitte zeigt frühzeitige eine dunkelgraue Farbung,die aber später wieder etwas ablassen kann.* »

(2)..... « *Sehenerv beiderseits blass, umgeben von einem Ring unregelmassiger Pigmentvertheilung.* » — l. c., p. 16.

figure, certains vaisseaux montrent sur leur parcours des petits dépôts de pigment qui constituent presque la forme très rudimentaire de la rétinite pigmentaire, ce qui nous autorise, nous l'avons déjà dit, à considérer du moins comme suspectes les pigmentations soi-disant variétés physiologiques exceptionnelles du fond de l'œil.

Enfin, même parmi les considérations et symptômes concomitants, que Hirschberg expose, nous en trouvons qui concordent très bien avec nos observations chez des sujets à stigmates tout à fait rudimentaires : par exemple, les traces d'iritis chronique très légère que l'on rencontre parfois (voir notre observation XXV), le léger nystagmus, les troubles fonctionnels qui amènent l'enfant à la consultation, la grande fréquence du strabisme chez ces jeunes malades, et ainsi de suite.

§ 2.

Le champ visuel en rapport avec des stigmates rudimentaires

Il resterait à rechercher, comme nous l'avons déjà dit, dans l'ordre de faits cliniques dont nous nous occupons, les *altérations du champ visuel*. Le temps nous aurait manqué, pour doter toutes nos observations de l'examen périmétrique complet, et, d'autre part, nous voulions avant tout nous assurer de la fréquence des stigmates ophtalmoscopiques de la syphilis congénitale, et en signaler les différentes formes,

surtout les rudimentaires, à l'attention de nos confrères. Mais nous sommes sûrs que les recherches
périmétriques, de même que celles concernant la pho-
testhésie et la chromatesthésie, chez les hérédo-syphili-
ques avec manifestations du fond de l'œil, fourniraient
les données les plus intéressantes, pour la sémiologie
des affections du nerf optique et des membranes profondes de l'œil.

Qu'il nous soit permis de rappeler, à ce sujet, le
travail récent de M. Berger (1), car l'*amblyopie et
l'amaurose de la zone péri-papillaire de la rétine*, qu'il
étudie si soigneusement, po urrait se rencontrer assez
souvent chez nos hérédo- syphilitiques. Il résulte, en
effet, de la disposition des fibres dans le nerf optique
et de leur distribution dans le rétine, qu'un processus
envahissant le nerf optique de la gaîne piale vers son
axe provoquera un agrandissement du *punctum cœcum*, et que, si ce processus se développe avec une
certaine lenteur. l'agrandissement de ce punctum sera
précédé par une certaine amblyopie de la zone centrale
de la rétine.

Par contre, un processus anatomo-pathologique
se développant dans les parois des vaisseaux centraux
du nerf optique, ou dans le tissu conjonctif qui les
enveloppe, et progressant vers les faisceaux corticaux

---

(1) E. BERGER. *Amblyopie et amaurose de la zone péripapillaire
de la rétine.* Archives d'opht. Nov. 1896, p.672. Voir, du même aut.,
le travail sur les *troubles oculaires dans l'ataxie locomotrice,*
Revue de médecine, 1890.

du nerf, déterminera, dès son début, le rétrécissement
périphérique du champ visuel.

Or, nous avons raison de croire que dans les cas
de véritable névrite optique hérédo-syphilitique, manifestation relativement rare, mais dont plusieurs de nos
observations fournissaient pourtant de beaux exemples,
la périnévrite rétrobulbaire ouvre la scène et reste le
facteur principal des lésions du tronc nerveux. Dans ces
cas, donc, c'est la V. centrale qui présentera les altérations les plus remarquables, soit comme diminution
de l'acuité (fonction maculaire) soit comme agrandissement de la tache de Mariotte ou comme amblyopie
et amaurose de la zone péripapillaire de la rétine. —
Si, au contraire, il s'agit d'une manifestation vasculaire
de la syphilis congénitale, et c'est le cas ordinaire, il
est clair que l'artérite ou la périartérite (plus rarement
la lésion des veines) des vaisseaux centraux du nerf
optique s'accompagnera surtout de trouble fonctionnels de la périphérie rétinienne. C'est, alors, le rétrécissement périphérique, souvent irrégulier, du champ
visuel ; rétrécissement d'autant plus fréquent, qu'il
existe dans ces cas des lésions chorio-retiniennes surtout vers l'ora serrata. Ces lésions de chorio-retinite,
elles aussi, reconnaissent leur origine des altérations des vaisseaux rétiniens (territoire des vaisseaux
centraux) et des vaisseaux choroïdiens (système ciliaire.) — Bien entendu, il existe souvent des formes
mixtes, c'est-à-dire que les lésions du tronc optique,
celles de son extrémité papillaire et celles de la rétine

et de la choroïde peuvent se combiner dans des rapports quantitatifs et qualitatifs très variables. Mais,
les formes typiques restent toujours ces deux : névrite optique, rétrobullaire ou papillaire, et chorio-rétinite centrale, ou plus ou moins diffuse.

Dans la première forme, beaucoup plus rare, il
s'agit d'une manifestation nerveuse, pour ainsi dire,
de la syphilis congénitale oculaire : manifestation analogue à celle qui détermina, par exemple, les troubles
nerveux (myélite) dans notre observation IV. Dans la
seconde forme, qui est la plus fréquente et qui comprend surtout les stigmates rudimentaires, il s'agit
d'une manifestation et à prévalence vasculaire, manifestation d'un ordre courant, pour toute espèce
d'affection syphilitique.

Il pourrait y avoir une autre raison d'agrandissement du punctum cœcum, ou d'amblyopie péri-papillaire, c'est-à-dire les altérations rétiniennes sur le
pourtour de la papille optique. Ces altérations, de même
que l'élargissement de la tache de Mariotte, ont été
signalées parmi les altérations séniles de l'œil, et il
suffit de parcourir nos observations pour voir que les
stigmates les plus fréquentes sont le cadre pigmentaires, total ou en secteurs, au bord de la papille, la
diffusion de ce bord, le rétrécissement ou même l'interruption des vaisseaux, à l'endroit où ils franchissent
la limite du disque optique. Si nous ajoutons, à ces
altérations, la pigmentation sous forme de teinte ardoisée, la suffusion de la région péri-papillaire, parfois

la pigmentation grenue, nous nous rendons bien compte des troubles fonctionnels qui, même avec une fonction maculaire (acuité visuelle) normale ou à peu près, peuvent accompagner la forme centrale de la syphilis congénitale du fond de l'œil.

Il résulte, en somme, des considérations de M. Berger, que *l'examen clinique de la tache de Mariotte et de son pourtour est de la plus haute importance pour nous renseigner sur l'existence d'un processus anatomo-pathologique se développant dans la gaine optique, ainsi que sur la progression ou l'amélioration d'un tel processus.* Cette recherche au périmètre pourra donc fournir des données précieuses, dans les cas de stigmates papillaires ou péri-papillaires de la syphilis congénitale, car l'agrandissement du *punclum cæcum*, ou l'amblyopie péri-papillaire, mettra hors de doute la lésion, même lorsque les restes ophtalmoscopiques seraient presque insignifiants (1). Par contre, la constatation clinique qu'il n'y a pas de troubles dans la fonction péri-papillaire de la rétine prouve, dans un cas donné, que le processus anatomo-pathologique soupçonné ne peut être localisé dans le périnèvre

(1) Nous nous étions proposé de faire ces recherches à l'aide de notre *scotomètre*. Il est très simple, en effet, de placer l'instrument, le long de l'arc périmétrique, de façon que le centre du diaphragme-iris corresponde à la tache aveugle : en ouvrant, alors, lentement le diaphragme, il arrivera un instant où le malade déclarera d'apercevoir quelque chose de blanc, du côté temporal du point central de l'arc, point qu'il fixe. La dimension du trou du scotomètre, à ce moment, nous indiquera directement le diamètre de la tache de Mariotte.

optique rétrobulbaire, et c'est le plus souvent le cas des lésions syphilitiques, congénitales ou acquises. Les altérations anatomo-pathologiques du nerf optique dues à la syphilis atteignent, en effet, de préférence les vaisseaux centraux (lésions rétiniennes, scotome périphérique), sans que pour cela la périnévrite et l'altération des fibres sous-piales soient très rares.

Les plus intéressantes, parmi nos observations, sont peut-être celles où des stigmates rudimentaires, ou même assez caractérisés, s'accompagnent d'une acuité normale. Il s'agit surtout de jeunes sujets, que nous avons fait venir à la consultation, tout exprès dans un but de recherches, après avoir constaté chez les parents, ou chez des frères et des sœurs, des stigmates de différent degré et nature (voir, par exemple, les observations XVI et XVII, XXII et XXIII, etc.). On peut se demander pourquoi la fonction de la macula est si souvent intacte, malgré des stigmates ophtalmoscopiques plus ou moins marqués. La réponse est facile en considérant, d'abord, que la périnévrite optique est rare, et en tout cas légère, parmi les processus hérédo-syphilitiques de l'œil ; de sorte que, les fibres maculaires sont rarement atteintes, et qu'en tout cas une bonne quantité de ces fibres peut être épargnée, le faisceau maculaire ne se limitant pas à la partie périphérique de la coupe transversale du nerf, mais arrivant jusqu'à l'axe. En outre, il faut considérer que la macula et la portion rétinienne située entre cette dernière

et la papille sont bien plus riches en fibres que les
autres parties de la zone péripapillaire de la rétine, et
que les interstices entre les cloisons connectives, lo-
geant les fibres optiques, sont plus larges dans la partie temporale du nerf optique. L'épaississement de
ces cloisons (névrite interstitielle) peut donc déter-
miner l'atrophie secondaire des fibres nerveuses,
comme le fait justement remarquer Berger, beaucoup
plus tardivement dans ce segment que dans les autres,
des faisceaux de fibres sous-piales. Enfin, même en ce
qui concerne les altérations chorio-rétiniennes, elles
sont plus rares dans la région maculaire parce que,
dans le cas des processus syphilitiques, il s'agit surtout de lésions des parois des gros vaisseaux choroïdiens et de lésion des vaisseaux centraux, qui se manifestent surtout vers l'ora serrata ou dans la région
équatoriale du fond de l'œil.

Pour en finir avec les troubles fonctionnels, nous
dirons que plusieurs de nos cas ont présenté une *forme légère d'héméralopie*, simple anésthésie rétinienne
peu marquée, stigmate fonctionnel rudimentaire (obs.
XXIX). Le trouble d'adaptation, dans ces cas, se manifeste par une diminution considérable de l'acuité visuelle quand on l'examine à un éclairage qui compor-
terait encore l'acuité normale chez des yeux tout à fait
sains, et, du reste, les malades se plaignent déjà de
voir beaucoup moins bien quand le jour tombe ou
quand la lumière n'est pas bien vive. Ce symptôme ne
doit pas nous étonner, si nous pensons à l'héméralopie

tout à fait caractérisée de la rétinite pigmentaire, et à
la simple anesthésie rétinienne ou héméralopie rudimentaire, que des travaux récents ont bien mis en évidence dans différentes affections du nerf optique, de
la rétine et de la choroïde. Un des symptômes les plus
frappants, de l'anesthésie rétinienne, que Krienes signale (1) et que nous avons souvent rencontré, est
l'affaiblissement de la perception du bleu, symptôme
que nous interprétons non pas comme une dyschro-
matopsie véritable, mais comme une manifestation de
l'anestésie rétinienne ou trouble d'adaptation, le bleu
étant à l'extrémité moins lumineuse du spectre.

§ 3

Remarques anatomo-pathologiques.

Les observations de Rochon-Duvigneaud et de
L. Dor, que nous avons signalées dès les premières pages de notre thèse, représentent des trouvailles anatomiques des plus intéressantes. Elles sont, à ma connaissance, les deux seules contributions apportées à
l'anatomie pathologique des affections hérédo-spécifiques profondes de l'œil, et nous ne saurions pas
nous passer de les résumer dans ce mémoire, pour les

(1) KRIENES. Du sens lumineux et du sens des couleurs dans les
maladies de la rétine, du nerf optique et de la choroïde. *Arch. f.
Augenheilk*, XXXIII.

mettre en rapport avec les faits cliniques qui en font
l'objet.

Dans l'observation de M. Rochon-Duvigneaud (1),
chez une fillette morte à l'âge de deux mois à cause
de syphilis héréditaire, l'œil droit, orienté de manière à obtenir des coupes de la macula, montrait
dans la région maculaire une cicatrice déprimée et
pigmentée, unissant la rétine à la choroïde et correspondant évidemment à ces taches charbonnées mê-
lées de quelques parties blanches, qui constituent l'aspect ophtalmoscopique des foyers de chorio-rétinite
parvenus à la période ultime de leur évolution. Les
détails des lésions observées (décollement limité de la
rétine et du vitré, altérations de l'épithélium pigmentaire, infiltration de la choroïde en foyers multiples,
tassement de choroïdite diffuse, etc.) autorisent l'auteur à affimer que, malgré la lésion spéciale de la rétine
au niveau de la tache de chorio-rétinite maculaire,
c'était la choroïde qui représentait le siège primitif des
lésions, les altérations rétiniennes étant probablement
secondaires. En effet, l'intégrité des couches rétiniennes
était complète, à partir d'une certaine distance du foyer
morbide, tandis que l'infiltration cellulaire diffuse, les
petits anses cellulaires autour de certains vaisseaux,
se voyaient dans tout le segment postérieur de l'œil
atteint, c'est-à-dire sur une étendue beaucoup plus

. (1) ROCHON-DUVIGNEAUD. *Examen hystologique d'une chorio-
rétinite d'origine hérédo-syphilitique.* Arch. d'opthalm. déc. 1895,
p. 764.

grande que les lésions rétiniennes. Enfin, la papille, le nerf optique et leur arbre vasculaire ne montraient aucune trace de lésion.

Dans le cas de Dor (1), les deux yeux d'un fœtus à terme, qui était mort pendant l'accouchement, à la suite d'une procidence de cordon, présentaient à l'examen macroscopique les rétines parsemées de petites hémorrhagies punctiformes, surtout abondantes au voisinage de l'ora serrata ; l'un des yeux montrait des taches noires, irrégulières, volumineuses, disséminées dans la choroïde, et confluentes à la région maculaire, l'autre œil n'avait que quelques petites taches noires, mais autour de la papille se trouvait une large tache blanche, trop irrégulière pour être un colobome et qui ne relevait pas non plus d'une dépression staphylomateuse de l'œil.

La mère de l'enfant ne paraissait pas avoir eu la syphilis, mais elle ne savait pas de quel père était son enfant. L'hypothèse d'une choroïdite myopique congénitale serait bien peu vraisemblable, surtout en tenant compte des hémorrhagies dont les rétines étaient criblées. Nous n'hésiterions donc pas à éliminer le point d'interrogation que Dor, rendant hommage à la rigueur scientifique, a ajouté entre parenthèse après les mots *choroïdite syphilitique* dans le titre de

(1) Louis Dor. *Etude anatomo-pathologique d'un cas de choroïdite syphilitique (?) congénitale atrophique, avec hémorrhagie de la rétine par thrombose de la veine centrale.* Archives d'ophtalmol., août 1896, p. 494 à 500,

son travail. Il est, du reste, bien peu vraisemblable, comme l'auteur le fait remarquer, qu'il s'agisse d'une autre maladie que la syphilis, lorsqu'on observe, chez l'enfant d'une fille mère, une double choroïdite congénitale avec des lésions de pigmentation et de dépigmentation, une thrombose de la veine centrale et des hémorrhagies rétiniennes punctiformes.

Voici, maintenant, les résultats de l'examen microcospique :

« Les hémorrhagies de la rétine étaient toutes relativement récentes, en ce sens que quelques-unes seulement présentaient à côté de globules rouges des granulations pigmentaires ; on pouvait saisir sur le vif quelques ruptures vasculaires, il s'agissait donc bien réellement d'hémorrhagies et non pas d'extravasations. La clef de ces hémorrhagies était donnée par la découverte d'un thrombus dans la veine centrale de la rétine ; ce thrombus était de date ancienne en ce sens, qu'il était constitué par un tissu de granulations pigmentaires. On ne pouvait pas se rendre compte exactement de l'étendue de ce thrombus, mais à l'œil nu on le voyait au moment de faire les coupes au microtome et il avait 3 ou 4 mm. de longueur ; je ne l'ai malheureusement vu qu'après avoir terminé les coupes du second œil, de sorte que je ne sais pas s'il existait dans les deux yeux et s'il m'a passé inaperçu dans le premier, mais il pouvait fort bien dans l'autre œil siéger en un autre point que dans la portion papillaire de la veine centrale et avoir les mêmes conséquences.

Quant aux hémorrhagies, la rétine était criblée de petits points rouges, arrondis, confluents surtout au voisinage de l'ora serrata, et qui étaient des hémorrhagies veineuses dont la cause déterminante devait avoir été le thrombus de la veine centrale.

Quant aux taches choroïdiennes, celles-ci étaient franchement noires et ne rappelaient en rien à l'œil nu des foyers hémorrhagiques. Au niveau de chacune de ces taches, la choroïde était adhérente à la sclérotique, et au voisinage de la macula il y avait même des adhérences rétino-choroïdiennes.

Au niveau de ces taches on pouvait voir qne la choroïde avait doublé ou triplé d'épaisseur, soulevant la rétine comme par une série d'ondulations. L'épithélium pigmenté de la rétine n'était altéré en aucun point et il formait partout une ligne noire très nette, séparant la rétine et la choroïde. Dans les points où l'état était normal, il y avait au-dessous de cette ligne noire la chorio capillaire non colorée, puis une seconde ligne noire formée par les cellules choroïdiennes.

Dans les points malades, on voyait aussi ces deux lignes noires, mais elles s'écartaient l'une de l'autre pour laisser se développer, dans la chorio capillaire qui les séparait, une énorme infiltration pigmentaire dont la couleur brune tranchait sur la couleur noire du pigment rétinien et du pigment choroïdien.

La préparation qui a été choisie pour illustrer les foyers de choroïdiens, représente un de ces foyers siégeant au voisinage des procès ciliaires, mais dans toute la choroïde on pouvait voir des lésions identiqnes. Au premier abord, on a l'impression d'une véritable petite gomme, mais l'analyse minutieuse montre que s'il existe un grand nombre de cellules embryonnaires, il y a surtout des détritus de globules rouges qui sont chargés de pigment brun et non pas noir, et que du sang épanché dans les interstices du tissú a joué un rôle prépondérant dans la production de ces lésions. Ce n'est pas à dire qu'il s'agissait exclusivement partout de vieilles hémorrhagies, car en plusieurs endroits en examinant la préparation sur les bords des taches il était évident que les cellules choroïdiennes avaient pris une grande part au processus ; elles étaient plus volumineuses, avaient des prolongements plus irréguliers et plus enchevêtrés et étaient séparées par un exsudat que les réactifs colorants n'imprégnaient pas.

Une description plus complète serait peut-être hasardée, car toute la lésion était infiltrée d'un si grand nombre de granulations pigmentaires, qu'il était excessivement difficile de se rendre compte de la composition du stroma. Ce qui était le plus frappant c'était *l'intégrité absolue de l'épithélium pigmenté de la rétine et de la rétine elle-même*, qui recouvrait toutes les taches sans avoir participé au processus morbide autrement, que par les hémorrhagies dont j'ai parlé, et qui avaient un siège anatomique bien différent. En résumé, on peut dire *que dans un très grand nombre de points de la choroïde, mais surtout au voisinage de la macula et au voisinage des procès ciliaires, il y avait de larges taches noires où la choroïde avait doublé ou triplé d'épaisseur et qui étaient constituées par une infiltration de cellules embryonnaires et de globules rouges, tous chargés d'une quantité considérable de granulations pigmentaires, et qu'au pourtour de ces taches on voyait des symptômes manifestes d'une inflammation des cellules choroïdiennes.*

Passons à la description de la tache blanche déjà signalée dans l'un des yeux, et qui était étendue mais unique. Elle était constituée par une lésion bien différente et que je ne crois pas devoir considérer comme un mode de terminaison ou une évolution des taches noires. En représentant cette lésion d'une façon très exacte (1), on voit qu'il n'y a là aucune cellule embryonnaire, aucun globule rouge, mais que toute la lésion est constituée par des cellules choroïdiennes très enflammées et séparées par un exsudat hyalin abondant. J'ajoute un fait très intéressant, c'est que *la rétine qui recouvrait cette tache était complètemant dépourvue de son pigment*, lequel cessait brusquement au bord de la tache pour reprendre de l'autre côté,

(1) Fig. 3 du mémoire cité,

sans qu'il y eût d'autre altération apparente dans la structure
des éléments rétiniens, dont les grains et les bâtonnets notamment paraissaient absolument normaux (1).

Mais, par contre, au-dessus de cette tache blanche il y avait
un peu d'inflammation de la sclérotique, qui nous permettrait
d'attribuer à la lésion la dénomination de scléro-choroïdite,
si ce terme ne désignait pas, en général, un processus plutôt
atrophique et bien différent. D'ailleurs, ces lésions de la sclérotique se retrouvaient aussi dans d'autres endroits de l'œil.

Je note, en terminant, que les vaisseaux de l'iris étaient spécialement gorgés de sang et qu'ils présentaient un léger degré
de sclérose périvasculaire. »

Nous avons voulu rapporter ces recherches de M. Rochon-Duvigneaud et de M. Dor, parce qu'elles sont les
seules qui puissent représenter une contribution
anatomo-pathologique à l'étude qui nous intéresse.
Nous ne pourrions pas affirmer que les yeux examinés
par nos deux confrères auraient montré plus tard,
si les jeunes sujets avaient survécu, des stigmates *rudimentaires*, car le foyer décrit par M. Rochon-Duvigneaud serait resté bien évident comme chorio-rétinite
maculaire, et les altérations décrites par M. Dor
auraient de même fourni des lésions ophtalmoscopiques bien caractérisées.

Mais, nous nous croyons autorisé à affirmer, d'après
nos recherches cliniques, que *les altérations hystologiques des membranes profondes de l'œil doivent être*

(1) En effet, cela est très intéressant, par rapport à ce que nons
avons dit de la dépigmentation rétinienne visible à l'ophtalmoscope
(p. 89 à 47).

*presque constantes, chez les fœtus ou les enfants morts
de syphilis congénitale*, et nous nous faisons un dé-
voir de signaler cette étude à nos confrères qui s'occupent de recherches d'anatomie pathologique, surtout
en rapport avec l'ophtalmologie ou avec la pédiatrie.

§ 4

**Epoque d'éclosion de la syphilis congénitale du fond de l'œil ;
récidives.**

Il serait intéressant de connaître à quel moment les
affections hérédo-syphilitiques du fond de l'œil se
déclarent. Nos observations ne peuvent pas directement éclaircir ce point, car la plupart d'entre elles
regardent, comme nous l'avons dit, des enfants qui
nous étaient amenés pour toute autre cause, principalement choix de verres ou strabisme. Néanmoins, d'après
un certain nombre de nos cas, d'après certains
caractères des lésions ophtalmoscopiques, et d'après
ce que nous savons des manifestations de la syphilis
héréditaire en général, nous croyons juste d'admettre
que rarement les enfants sont porteurs de stigmates
ophtalmoscopiques au moment de la naissance. Le
plus souvent, par contre, ces manifestations oculaires
se développent plusieurs semaines ou plusieurs mois
après la naissance.

La syphilis héréditaire, en effet, bien que pouvant
se déclarer déjà dans la première semaine de la vie,

apparaît le plus fréquemment du premier au quatrième mois (1). Knies affirme que les lésions hérédo-spécifiques du tractus uvéal sont, en tout cas, des manifestations extra-utérines. Dans notre observation LXIX nous avons l'exemple de stigmates constatés à l'âge de 23 mois, et dans l'observation LXXXV le cas d'une névrite optique hérédo-spécifique congénitale ; mais, tout récemment, à la consultation extérieure de l'Hôpital Saint-Louis nous avons observé, grâce à l'extrême bienveillance de M. le Professeur Fournier, quelques cas d'hérédo-spécificité manifeste chez des enfants de 4 à 8 mois, avec altérations ophtalmoscopiques parfois bien caractérisées (surtout névrite, neuro-rétinite, stigmates à forme centrale), parfois rudimentaires. — Du reste, pour ce qui concerne la rétinite pigmentaire, il est reconnu que ses altérations commencent dès la naissance, ou même avant, pour progresser ensuite très lentement (2).

L'éclosion *tardive*, des manifestations neuro-rétinitiques ou chorio-rétinitiques de la syphilis héréditaire, est certainement rare ; mais elle n'en est pas moins prouvée, par des observations telles que plusieurs de nos confrères en ont rapporté. Il faut ajouter, à cet égard, qu'un grand nombre de faits tendent à démon-

(1) Voir, entre autres : Romniciano. *Formes de syphilis héréditaire observées à l'hôpital des enfants de Bucarest, de 1874 à 1890.* Commun. au Congrès de Moscou, 1897. (Médecine Moderne, 1897, p. 550).

(2) H. F. Hansell. *A case of retinitis pigmentosa associated with deaf-mutism.* Americ. Journ. of Ophtalmol., mars 1886.

trer que la syphilis héréditaire se manifeste très souvent pendant l'adolescence, l'époque de la puberté surtout.

Cela nous paraît exceptionnel, pour ce qui concerne les manifestations du fond de l'œil ; mais l'observation IV, qui a été aussi le sujet d'une communication de mon confrère et ami le docteur Dreyer-Dufer, au point de vue des manifestations nerveuses (1), prouve à l'évidence que les affections hérédo-syphilitiques du fond de l'œil peuvent présenter du moins une aggravation à l'époque de la puberté, qu'elles peuvent précéder d'autres manifestations tardives de la syphilis héréditaire et en assurer le diagnostic étiologique, et qu'elles peuvent, enfin, s'améliorer d'une façon surprenante sous l'influence du traitement spécifique bien fait.

Il y aurait, pour nous, toute raison de supposer une *récidive*, et non pas une manifestation oculaire tardive de syphilis héréditaire, dans des observations telles que, par exemple, celle de M. Vignes (2). Chez ce malade, la névrite optique rétro-bullaire intraorbitaire pouvait se rapporter, selon l'auteur, à une périostose gommeuse du canal optique ; mais, il nous semble du moins très plausible d'admettre, que l'enfant portait déjà des stigmates ophtalmoscopiques rudimentaires.

(1) R. DREYER-DUFER. *Un cas de maladie de Friedreich,* etc. Soc. de dermatol., déc. 1896, et *Gaz. hebdom.* 18 avril 1897.

(2) VIGNES *Névrite rétrobulbaire par syphilis héréditaire tardive.* Bullet. de la Soc. française d'Opht. Vol. VII, 1894. (Observ. reproduite aussi dans le mémoire de M. Dubousquet-Laborderie, que nous citons à p. 106).

Du reste, l'observation de Vignes est très intéressante aussi par ce fait, que le jeune malade *ne présentait aucun autre stigmate personnel*, à part de nombreuses cicatrices tégumentaires, que seulement les données anamnestiques familiales étaient bien positives, et que, enfin, les lésions ophtalmoscopiques, dans l'œil atteint, malgré la cécité complète, étaient presque rudimentaires. Voici, en effet, leur description :

« L'examen ophtalmoscopique à l'image droite montre que la papille est hyperhémiée, plus injectée que celle de l'œil gauche. Les vaisseaux veineux rétiniens sont tortueux, plus gorgés de sang, de coloration rouge sombre, le calibre des artères est fort légèrement rétréci, pas de pouls intra-oculaire. Les bord de la papille sont peut-être *un peu moins limités qu'à l'ordinaire, mais ce symptôme est si peu marqué que pour le constater il faut apporter une extrême attention à l'examen. Du reste, tous les signes précédemment énumérés ne sont appréciables que par comparaison avec l'œil gauche resté absolument sain* ».

Des récidives des affections hérédo-syphilitiques du fond de l'œil peuvent certainement se produire, comme il s'en observe fréquemment de la kératite parenchymateuse (dans 17 $^o/_o$ des cas de v. Hippel). C'est à une récidive de ce genre, que nous attribuons aussi les cas tels que notre observation IV, mais il est clair que dans des cas analogues il sera parfois très difficile de juger, s'il s'agit réellement d'une récidive ou plutôt d'une manifestation tardive. Quant à cette dernière éventualité, nous la croyons plus rare que celle des récidives, et du reste la nature même des lésions, surtout des altérations vasculaires et du bord de la papille, peut permettre d'affirmer l'existence de stigmates congénitaux, ou du moins précoces, à côté d'altérations plus récentes, relativement aiguës.

La fréquenee rélative de la *rétinite centrale récidivante*, décrite par v. Græfe dans la syphilis acquise (1), nous fait comprendre les cas de rechute tels que notre observ. IV, chez des jeunes sujets présentant déjà la forme centrale des « stigmates rudimentaires ».

Il est évident, que si l'on reconnait à temps ces stigmates, la nouvelle poussée aiguë peut être prévenue par le traitement, et les suites de l'affection seront, en tout cas, de beaucoup moins graves.

§ 5

Astigmie, strabisme, myopie monoculaire, etc., en rapport avec les stigmates rudimentaires.

a) Je ne m'arrêterai pas sur les malformations oculaires plus ou moins graves, en rapport avec l'action dystrophique de la syphilis héréditaire (2).

(1) Voir, à ce sujet, le mémoire de ALEXANDER, *zur Casuistik der centralen recidivirenden Retinitis*. (Berliner klinische Wochenschrift, 1876, n° 35-36).

(2) Voir la thèse de M. BANASCH, *Influence dystrophique de l'hérédité syphilitique* (Paris, 1896), observations VIII, XIX et XX.

Je dois dire seulement, que très souvent des malformations rudimentaires accompagnaient dans mes
observations les stigmates, également rudimentaires,
du fond de l'œil ; et, pour commencer par l'astigmie, dont la fréquence chez les hérédo-syphilitiques
a été déjà signalée (1), disons de suite que ce défaut
existaitdans presque tous les yeux de mes hérédo-spécifiques. Souvent l'astigmie était remarquablement
plus forte sur l'œil où les stigmates étaient mieux
prononcés, et, malgré la correction la plus exacte,
(ophtalmométrie, skiascopie, examen subjectif) du défaut optique, l'acuité visuelle restait plus ou moins
au dessous de la normale (0, 3 à 0, 6 dans la plupart
des cas), et l'œil ainsi affecté d'amblyopie congénitale
— soi-disant *sine materia* — louchait.

La fréquence du *strabisme*, chez les hérédo-syphilitiques, est un fait connu par les spécialistes, mais
*dans l'état actuel de la question il est difficile de dé-
cider à quelle cause on doit l'attribuer.* Je cite d'après
la thèse récente de M. Barasch (2), faite sous l'ins-
piration de M. le professeur Fournier.

Or, le mécanisme de ce *strabisme hérédo-syphilitique* me paraît tout établi par la fréquence de nos stigmates rudimentaires, associées ou non à l'astigmie. Il
est clair, en effet, que si l'acuité visuelle est imparfaite
des deux côtés, à cause des stigmates du fond de l'œil,

---

(1) GALEZOWSKI. Séance de la Soc. de dermatol., 15 novembre
1894.

(2) *L. c.*, page 37-38.

ANTONELLI   7

ou mieux encore si cette amblyopie congénitale d'origine spécifique intéresse un œil plus que l'autre, l'appareil périphérique de la vision n'est pas à même d'établir ce réflexe de convergence qui constitue essentiellement la vision binoculaire (Parinaud), et l'œil le plus imparfait est presque fatalement destiné à la déviation. Cela, bien entendu, sans vouloir préjuger l'action dystrophique de l'hérédité syphilitique sur l'appareil moteur et sur l'appareil cérébral de la vision binoculaire (1).

Il y a toute une série de faits — ce ne serait pas opportun d'y insister ici — qui rendent au moins très douteuse la théorie de l'amblyopie par non usage, chez les strabiques. Contentons-nous de citer, à ce sujet, le

(1) En 1896, à propos de l'excellent rapport sur *la vision binoculaire, sa perte, son rétablissement*, présenté par M. Meyer au Congrès de la Soc. Franc. d'Ophtalmologie, j'affirmais ceci (p. 59 du Bulletin) :

« Parmi les *causes de perte de la vision binoculaire*, il me semble important de signaler la *dissymétrie du crâne et de la face chez les enfants*. Ce vice de conformation se trouve en rapport, à la fois, avec les deux grands groupes de causes qui compromettent la vision binoculaire simple ; c'est-à-dire les altérations de la fonction visuelle et les troubles de motilité. »

« En effet, nous pouvons constater assez souvent, chez les strabiques, un aplatissement plus ou moins considérable du front et de la face, du même côté de l'œil dévié, et ce défaut de développement d'une moitié de la tête est presque toujours associé à la déformation de la coque oculaire correspondante, avec des rapports que l'ophtalmométrie clinique a permis d'éclaircir. En me servant de l'instrument Javal-Schiotz, pour l'ophtalmostatométrie (Archives d'Ophtalm. sept. 1894), ainsi que pour la kératométrie, j'ai reconnu que, dans la plupart des cas, l'œil qui appartient à la moitié de la tête moins développée, et qui est en dénivellation, plus bas et plus en

travail récent de M. Guillery (1), qui a rencontré une acuité visuelle périphérique tout à fait normale chez des yeux atteints d'une amblyopie centrale très considérable, de même qu'il a vu des cas où la vision périphérique était affaiblie, pendant que l'acuité centrale était encore relativement bonne (2). L'amblyopie monoculaire est donc plus souvent — pour ne pas dire toujours — la *cause*, et non pas l'effet du strabisme ; et nous n'hésitons pas à affirmer, que *l'étiologie la plus fréquente de l'amblyopie monoculaire est la syphilis congénitale*. Suivant les différentes localisations des altérations spécifiques, dans le segment retrobulbaire du nerf optique, dans la papille ou dans les membranes

foncé dans l'orbite, par rapport à son congénère, est aussi atteint d'astigmie plus ou moins forte, d'astigmie hypermétropique composée, chez les enfants, avec acuité défectueuse. — L'intérêt de la vision simple binoculaire pourrait bien amener l'appareil moteur des yeux à compenser leur dénivellation, si la fusion des deux images rétiniennes, à peu près de la même netteté, était facile ; mais, l'action simultanée de l'anysométropie et de la *dénivellation* — pour nous servir d'un mot générique — rend presque inévitable le strabisme chez les enfants à dyssimétrie prononcée. »

Or, dissymétrie faciale, anysométropie, astigmie et différence d'acuité visuelle des deux yeux, en rapport avec des stigmates ophtalmoscopiques, sont assez fréquentes chez les hérédo-syphilitiques pour nous donner la raison principale, si ce n'est pas la seule, de la fréquence du strabisme chez ces jeunes sujets (Voir nos observations XII, XIV, XIX, XXIV, XXX, XXXII, XXXIII, XXXVII, LXXI, etc.)

(1) GUILLERY. *Ueber die Amblyopie der Schielenden* Arch. f. Augen., Band. XXX, 1896, H. 2, S. 45-63.

(2) Il serait facile de mettre ces faits en rapport avec les considérations cliniques et anatomo-pathologiques exposées par nous de p. 78 à p. 85.

profondes de l'œil, on constate l'amblyopie centrale, ou l'amblyopie périphérique, bien souvent avec des signes ophtalmoscopiques nuls ou rudimentaires.

Les stigmates ophtalmoscopiques de la syphilis héréditaire sont le plus souvent bilatéraux, mais il n'est pas rare de les rencontrer sur un seul œil, et l'explication de cette localisation, presque accidentelle, n'est certainement pas des plus faciles. Toujours est-il, que nombre de ces cas, où les stigmates passent inaperçus à l'observation courante, de l'oculiste non prévenu, sont considérés comme cas d'amblyopie congénitale *sine materia* (1) Dans mes observations XXIV, XXX, XLIX, LXI, LXXXIX, etc. nous voyons des cas typiques de cette amblyopie monoculaire, cause fréquente de strabisme. L'oculiste qui saura reconnaître les moindres stigmates de syphilis congénitale au fond de l'œil, ne se formalisera donc pas de la fréquence du *strabisme concomitant syphilitique*, étant donné que les altérations spécifiques sont la cause de la différence considérable d'acuité entre les deux yeux, et que cette différence, à son tour, est une cause prépondérante des troubles de vision binoculaire chez les jeunes sujets.

(1) La lecture attentive d'un travail récent de STRAUB (*Statistische Beitrage zum Studium der Amblyopia congenita*. Archiv. f. Augenheilk, 1897, p. 167) nous a pleinement confirmés dans cette idée. Nous regrettons de ne pouvoir pas analyser ici, de notre point de vue, l'important mémoire du professeur de Amsterdam, comme nous l'avons fait pour notre édification personnelle. Un bon résumé du mémoire se trouve dans la Revue génér. d'Ocul., févr. 1897, p. 83.

Dans quelques-unes de nos observations il y a aussi cela de remarquable : — que l'O. G., par exemple (obs. XXXIV), astigmate mais doué d'une bonne acuité, était celui que le malade avait toujours préféré pour le travail, ce qui avait provoqué ou du moins facilité la myopie de cet œil ; tandis que l'O. D., non astigmate mais amblyope grâce à des stigmates, à cause de son acuité insuffisante était resté inactif, et avait ainsi échappé à la myopie (1).

b) Les lésions hérédo-spécifiques d'un œil, par leur association fréquente avec l'astigmie et par l'imperfection de l'acuité visuelle, peuvent souvent l'entraîner vers la myopie.

En effet, il suffit de considérer que l'enfant cherchera à compenser le défaut de netteté des images rétiniennes en rapport avec l'astigmie, ou le défaut de sensibilité de la rétine en rapport avec les lésions du fond de l'œil, par l'agrandissement des dites images ; autrement dit, il sera forcé de rapprocher les objets

(1) Les stigmates hérédo-spécifiques du fond de l'œil peuvent donc fausser les rapports de cause à effet, que les recherches récentes d'ophtalmométrie clinique ont établis, entre l'astigmie et la myopie, surtout dans les cas d'anysométropie. — Dans notre observation LXI, par exemple, pourquoi l'O. G. serait devenu à lui seul myope de 7 D., malgré un As. considérable, de 5 D, et une mauvaise acuité visuelle ? L'O. D., étant astigmate de 1,75 D. seulement, avec V = 0,8, avait été certainement le seul à travailler, et néanmoins avait échappé à la myopie, que les altérations des membranes profondes devaient provoquer dans son congénère. — Encore, dans l'observation LXXI, nous voyons la preuve que myopie monoculaire et amblyopie du même côté sont les résultats concomittants des lésions hérédo-spécifiques du fond de l'œil.

des yeux, plus qu'il ne ferait en conditions normales, et ces efforts continués d'accomodation sont la
cause la plus puissante de myopie, surtout chez les
jeunes sujets au moment d'entreprendre leurs études.
La myopie, une fois établie, risque de devenir progressive et grave, si les lésions des membranes, rétinite
centrale ou choroïdite plus ou moins diffuse, rendent
la coque oculaire plus apte à céder aux tractions des
efforts de l'accomodation et de la convergence, et à
s'allonger surtout dans la région polaire postérieure.
De cette façon, *la syphilis congénitale du fond de
l'œil représente une cause indirecte, mais tout de
même réelle et assez fréquente, de myopie.*

Nous sommes convaincu, que nombre de cas de
myopie monoculaire (1) reconnaissent cette origine.
Ce sont des yeux où, malgré le degré assez fort de
myopie, nous ne voyons pas de staphylome postérieur,
ni les lésions ordinaires du fond de l'œil des myopes
progressifs. L'atrophie de la chorio-capillaire y apparaît sous une forme diffuse, plus ou moins avancée,
la papille présente le cadre de pigment complet ou
partiel, que nous avons signalé comme caractéristique, et elle nous montre les altérations de sa couleur,
de ses bords et de ses vaisseaux, que nous venons de
mentionner surtout dans la forme centrale de l'hérédo-

(1) Voir, pour la bibliographie relative à la question de la myopie
monolatérale, la thèse de M. J. P. Manguis. *Contribution à l'étude
de la myopie monolatérale.* Paris, 1893, et le travail de M. G.
Martin, dans les *Annales d'Oculistique*, juillet 1894.

syphilis oculaire. A l'image renversée, c'est d'emblée une petite papille aux vaisseaux misérables, à la coloration incertaine, pâle ou grisâtre ou tachetée, au bord flou ou à peine déchiqueté, là ou il n'existe pas de cadre pigmentaire, et entourée par une région péripapillaire à teinte ardoisée, ou avec traînées et plaques de suffusion rétinienne périvasculaire (observations XVII, XVIII, XXVI, XXX, etc.)

c) Disons enfin quelques mots sur une complication, ou pour mieux dire conséquence, de la syphilis héréditaire du fond de l'œil : la *cataracte*. La grande majorité des cataractes chez les jeunes sujets, les cataractes corticales molles, sont consécutives à une choroïdite. Les traités classiques n'insistent pas assez sur cette origine de l'opacité cristallinienne, et nous ne pourrions pas citer, ici, tous les faits qui nous ont démontré combien l'affection choroïdienne, ou chorio-rétinienne, même légère, quelle que soit son origine, provoque souvent dans le système du cristallin des troubles de nutrition qui aboutissent à l'opacité de cet organe. Il s'agit souvent de cataracte corticale molle monoculaire (voir notre observation XXV, comme type, et puis XXXVII, LXV, LXXXIII, etc.) et alors l'examen ophtalmoscopique de l'autre œil peut prévenir l'oculiste des conditions probablement peu satisfaisantes du fond de l'œil qu'il va opérer, ce qui est très important pour le pronostic, et aussi pour les modalités de l'intervention chirurgicale. Rappelons, en passant, que les débuts de la cataracte et sa tendance à se compléter

dans un délai relativement court, peuvent se reconnaître grâce au *croissant linéaire*, phénomène skiascopique des plus simples, que nous avons signalé (1).

§ 6

Rapports entre nos stigmates et la kératite parenchymateuse et les malformations dentaires.

a) La constatation des stigmates hérédo-syphilitiques du fond de l'œil peut avoir une grande importance
pour la question étiologique de la kératite parenchymateuse. Des recherches récentes sont venues confirmer, en effet, que cette forme de kératite représente
non rarement une manifestation de la tuberculose ou
de la scrophule oculaire (2). Le diagnostic différentiel
et les indications thérapeutiques pourront, donc, rece-
voir la plus grande lumière par l'examen du fond de
l'œil.

Il est certain, d'une part, que si nous constatons des
stigmates spécifiques au fond de l'œil d'un enfant qui
nous est amené pour tout autre cause, et si nous lui

(1) A. ANTONELLI. *Les phénomènes skiascopiques (ombre en
croissant linéaire) et la myopie acquise, dus à la sclérose sénile
du cristallin ou à la cataracte commençante.* Recueil d'ophtalm.,
sept. 1895.

(2) Voir surtout : BACH, *Die Tuberculose der Hornhaut.* Arch. f.
Augenh., t. *XXXII*, 1897, H. 3, S. 149-153. — Selon Bach, la forme
la plus fréquente de l'infection tuberculeuse de la cornée se présente sous l'image clinique d'une kératite sclérosante précédée de
l'apparition de tubercules dans le ligament pectiné. Vient ensuite la
kératite parenchymateuse, *en tout pareille à celle d'origine syphilitique.*

faisons suivre quand même le traitement spécifique, nous pouvons avoir la chance de prévenir de la façon la plus heureuse et la kératite de Hutchinson, et les autres manifestations plus ou moins tardives, para-syphilitiques, de la spécificité congénitale. Si, d'autre part, l'enfant nous est amené, comme c'est le cas fré-quemment, pour un commencement de kératite inters-titielle d'un côté avec intégrité de l'autre œil, l'examen ophtalmoscopique, au moins de l'œil qui possède encore une cornée bien transparente, peut trancher toute question étiologique et nous faire entreprendre le trai-tement spécifique avec toute confiance de succès (voir nos observations XLIX, LXVIII, etc.).

Il est vrai, que même les kératites interstitielles tuberculaires ou scrofuleuses paraissent bénéficier grandement du traitement mercuriel (Panas) ; mais, cela ne diminue pas la valeur du diagnostic que les stigmates ophtalmoscopiques peuvent nous four-nir. Il était connu, du reste, quant à l'action cura-tive du mercure, qu'elle peut être bien efficace dans des cas de tuberculose à manifestations localisées, telles que les tumeurs blanches ou, pour ce qui nous regarde de près, la kératite parenchymateuse. Ce fait, qui a reçu ces derniers temps de valides confirmations, enlève un peu de sa valeur à l'ancien axiome établi surtout à l'égard de la syphilis : *naturam morborum ostendunt curationes*. De sorte que, si la preuve du traitement n'est pas décisive pour la question étiologi-que d'un cas déterminé de kératite parenchymateuse, si d'autres éléments sûrs de diagnostic nous manquent, le seul signe univoque de la nature spécifique de l'affection, dans un cas donné, peut être fourni par les stigmates ophtalmoscopiques.

Bien des kératites instertitielles soupçonnées hérédo-syphilitiques semblent, en effet, reconnaître l'origine tuberculeuse. Dès 1871 Panas a soutenu (1) que la kératite parenchymateuse devrait être envisagée non comme une manifestation propre de la syphilis, mais comme le résultat d'un état dyscrasique général ; que dès lors, tout autre principe infectieux s'attaquant au produit de la conception pourrait agir de même, tout en reconnaissant que le cas plus fréquent est celui de la syphilis des ascendants. Forster et Mooren s'étaient prononcés dans le même sens, et Fournier (2) s'est rattaché entièrement à cette doctrine ; pour lui, la kératite de Hutchinson ne rentre pas dans les manifestations directes de la syphilis, mais bien dans celles purement dyscrasiques, à côté du tabès et de la périencéphalite, groupe qu'il désigne sous le nom de *lésions parasyphilitiques*, qui, comme telles, peuvent évoluer sur un terrain exempt de syphilis.

Tout dernièrement v. Hippel (3) compte non moins de 30 0/0 des cas, ou la kératite interstitielle se déclare

(1) Panas *Le rôle de l'auto-infection dans les maladies oculaires* Rapport présenté le 3 mai 1897 au 15e Congrès de la Soc. franç. d'Ophtalm. à Paris (Archives d'Ophtalmol. Vol. XVII p. 273).

(2) Fournier. *Leçons sur la syphilis héréditaire tardive*. Paris, 1896.

(3) Voir la bibliographie à la fin de cette thèse.

en dehors de toute tare syphilitique. Il insiste sur la fréquence des lésions qu'on observe à l'ophtalmoscope après l'éclaircissement de la cornée, mais, bien entendu, il parle d'altérations tout à fait manifestes du tractus uvéal, surtout vers sa limite antérieure, et non pas de stigmates tels que nous les signalons.

Il serait inutile d'insister davantage sur les faits, qui nous font refuser à la kératite interstitielle une signification univoque par rapport au syphilisme ; et si nous considérons que les malformations dentaires sont loin d'être constantes et caractérisées, qu'il en est de même des affections de l'appareil auditif, des affections articulaires et d'autres stigmates isolemment considérés, nous comprendrons la haute portée que l'examen ophtalmoscopique peut avoir surtout dans des cas douteux de spécificité congénitale.

Il est vrai, que nombre de névrites ou périnévrites optiques, comme nombre de choroïdites ou chorio-rétinites, relèvent d'un état infectieux général ou dyschrasique, comme le fait si bien ressortir aussi le rapport cité de M. Panas ; et dans ce sens là, nous pourrions bien classer les stigmates ophtalmoscopiques rudimentaires, ou les altérations analogues mieux prononcées, parmi les lésions parasyphilitiques. Si ce n'est pas, en effet, le virus syphilitique même, qui provoque les altérations du nerf optique ou de la chorio-rétine, on conçoit facilement que la tare constitutionnelle de la syphilis congénitale puisse prédisposer ces parties de l'œil, qui sont peut-être les plus vulnérables, aux dystrophies et aux processus morbides de n'importe quelle origine dyschrasique. Mais, ce genre d'altérations du fond de l'œil n'appartient pas aux affections tuberculeuses, cela paraît certain ; et alors nos stigmates restent toujours le meilleur moyen de dépister la tare congénitale et de différencier, parfois, la kératite parenchymateuse tuberculeuse de la même maladie directement parasyphilitique.

En signalant « les foyers chorio-rétiniens équatoriaux qu'on peut constater quelquefois avant l'apparition de la kératite parenchymateuse, et que l'on trouve très souvent, mais point régulièrement, après sa guérison », v. Hippel leur nie toute valeur diagnostique différentielle, car parmi 30 observations de ce genre il aurait trouvé les dits foyers chez 18 malades, dont 3 étaient sûrement tuberculeux et non syphilisés. Or, ces cas nous semblent trop peu nombreux, pour faire refuser la valeur diagnostique différentielle aux lésions du fond de l'œil, qui pouvaient, soit dit en passant, être plus ou moins rudimentaires dans le restant des cas (12) examinés par l'auteur ; trop peu nombreux, disons-nous, en devant encore admettre la possibilité que le segment antérieur de l'œil soit atteint de tuberculose chez des hérédo-syphilitiques.

b. Je n'ai pas besoin de rappeler combien est encore discutée la question de la valeur des malformations dentaires, dents de Hutchinson en premier lieu, comme signes de la syphilis héréditaire (1).

Les malformations dentaires sont certainement parmi les stigmates hérédo-syphilitiques les plus fréquents, mais leur polimorphisme les rend très peu caractérisées, surtout lorsqu'il s'agit de malformations rudimentaires, ou peu prononcées. Notons, en outre, combien de fois les *dents de Hutchinson* font défaut, dans des cas avérés de syphilis héréditaire ; elles manquaient, en effet, dans nombre de nos observations où les stigmates rudimentaires du fond de l'œil étaient les seuls, comme signes personnels, et où les données anamnestiques ne laissaient pourtant pas de doute sur la tare du jeune sujet. Notons, enfin, combien de fois les altérations dentaires que Horner a signa lées comme étant l'apanage du rachitisme, se rencontrent sur des enfants hérédo-syphilitiques (nos observations LXXI et LXXXV), ce qui est du reste justifié par les rapports qui existent entre la syphilis héréditaire et le rachitisme. Parrot, qui a si bien étudié *l'odonthopathie atrophique* de la syphilis congénitale, est arrivé jusqu'à soutenir que le rachitisme n'était qu'une des formes de la syphilis héréditaire (2).

Un autre avantage, que les stigmates ophtalmoscopiques offrent à l'oculiste sur les stigmates cornéens

(1) Voir, entre autre, la thèse citée de Barasch, p. 46-47, et la thèse de M. E. Fortin. *Valeur diagnostique des malformations dentaires observées chez les hérédo-syphilitiques*. (Paris 1896). Voir, aussi, la discussion citée par nous à p. 20.

(2) PARROT. *La syphilis héréditaire et le rachitisme*. Progrès médic. 1880.

et sur les malformations dentaires, consiste en leur précocité. La kératite parenchymateuse se manifeste, en effet, entre 2 et 20 ans, le plus souvent entre 8 et 15. (Fournier), tandis que les lésions du fond de l'œil, soit dans une forme bien caractérisée, comme dans les observations de Hirschberg, soit dans leurs formes rudimentaires, comme dans nos observations, sont visibles de très bonne heure. En y mettant la patience voulue et après mydriase provoquée, les stigmates ophtalmoscopiques pourraient être visibles même dans les premiers jours ou semaines après la naissance. Nous pouvons faire des remarques analogues quant aux altérations dentaires, qui sont relativement tardives. Hirschberg a vu apparaître les dents de Hutchinson à la neuvième année, quatre ans après que la kératite interstitielle diffuse avait évolué, chez un enfant qui lui avait montré dès son cinquième mois de vie extra-utérine les manifestations ophtalmoscopiques avancées de la syphilis congénitale.

§ 7

Fréquence et valeur pathognomonique des stigmates ophtalmoscopiques rudimentaires.

Nous croyons pouvoir affirmer, répétons-le, que *les stigmates du fond de l'œil sont peut-être les plus fréquents parmi ceux de la syphilis héréditaire.* Mais, pour être convaincu de ce fait, il faut savoir reconnaître tout *stigmate rudimentaire*, et c'est pour cela que nous avons voulu consacrer nos recherches presque exclusivement à ce genre d'altérations ophtalmoscopiques. La fréquence de ces stigmates nous est du reste démontrée, à part le nombre de nos observations, par plusieurs considérations d'un grand intérêt.

Tout d'abord les conclusions du travail récent, déjà cité, de v. Hippel, basées sur 87 cas de kératite parenchymateuse, dont 23 reconnaissaient sûrement l'origine spécifique, 10 laissaient une telle origine douteuse, et 5 la montraient plus ou moins probable. Or, des faits cliniques, anatomiques et expérimentaux permettent d'affirmer, suivant v. Hippel, que la kératite parenchymateuse, *lors même qu'elle est primitive au point de vue clinique, n'est que le symptôme ou simplement la suite d'une altération du tractus uvéal tout entier.* Dans tous les cas, donc, où la manifestation oculaire de l'hérédo-syphilis se déclare, sous la forme d'une kératite interstitielle, nous pouvons être sûrs qu'il y a aussi des stigmates ophtalmoscopiques. Si l'on peut les constater dans un œil, quand l'autre est au début de l'affection cornéenne, le renseignement est précieux pour le diagnostic, comme nous l'avons dit, au point de vue de l'étiologie et du traitement. Hirschberg insiste aussi sur la valeur des lésions ophtalmoscopiques, pour nous fixer sur la nature d'une altération cornéenne évoluant ou déjà évoluée, dont les caractères seraient douteux, au point de vue du diagnostic différentiel, entre une kératite interstitielle hérédo-spécifique, ou tuberculeuse, ou simplement strumeuse.

Les stigmates ophtalmoscópiques de la syphilis congénitale se rencontrent toujours, ou presque toujours, comme nous l'avons déjà fait remarquer, aux deux yeux. Or, la bilatéralité, et jusqu'à un certain point la symétrie, des lésions, sont la règle et constituent un caractère clinique important, des affections d'origine infectieuse ; surtout pour la tuberculose et la syphilis, comme l'affirme M. Panas dans son excellent rapport (1).

Néanmoins, assez souvent les stigmates se montrent à un degré différent dans les deux yeux, tout en gardant leur caractère de symétrie. C'est-à-dire que des deux côtés nous aurons à constater, par exemple, des stigmates papillaires, ou bien une forme de chorio-rétinite centrale, ou simplement la dépigmentation et les foyers choroïdiens vers l'ora serrata, mais ces altérations seront beaucoup plus manifestes sur un œil que sur l'autre, et les lésions fonctionnelles de même.

Les cas de ce genre nous ont beaucoup aidé, au commencement de nos recherches, à établir les *stigmates rudimentaires*, lorsqu'ils existaient sur un œil dont le congénère montrait des altérations analogues bien caractérisées. En partant de ces observations, et surtout de celles où les données anamnestiques et

(1) PANAS. *Rapport cité*, p. 4 : — « Parmi les affections d'origine virulente, la syphilis est celle qui réalise le mieux à la fois la *symetrie* et la *systématisation* des lésions qui en dépendent ».

personnelles du sujet ne laissaient aucun doute sur sa
tare syphilitique congénitale, nous en sommes arrivés
à reconnaître les stigmates d'emblée, même lorsqu'ils
n'étaient que rudimentaires dans les deux yeux, ou,
plus rarement, sur un œil seulement. En parcourant
la partie documentaire à la fin de notre travail, on
verra qu'il nous est possible de soupçonner la spécificité congénitale, après l'examen ophtalmoscopique,
chez des enfants qui sont très bien portants, qui n'ont
pas d'autres stigmates personnels, qui nous sont
amenés pour un choix de verres, pour un strabisme,
ou pour toute autre raison. La grande majorité de ces
cas trouve la confirmation de la tare hérédo-spécifique soit dans les données anamnestiques (accidents
secondaires ou tertiaires chez les parents, polimortalité de la progéniture, etc.), soit dans l'examen direct de
frères ou de sœurs du sujet en question, présentant
des stigmates variés et caractéristiques. De sorte que,
même si l'on voulait refuser toute signification à nos
stigmates ophtalmoscopiques rudimentaires dans les cas
rares où tout autre élément à l'appui de la spécificité
héréditaire fait défaut, il resterait toujours démontré
que *l'examen du fond de l'œil est un des meilleurs
moyens pour amener le clinicien à rechercher la tare
hérédo-syphilitique chez son malade, ou pour confirmer la nature d'autres stigmates plus ou moins douteux, tels que les malformations dentaires, les affections de l'appareil auditif, les pléïades ganglionnaires,
voire même la kératite interstitielle.*

La fréquence de stigmates *rudimentaires* ne nous étonnera pas, si nous considérons aussi que les manifestations oculaires de la syphilis congénitale doivent représenter, en général, des lésions légères, puisque les cas graves de spécificité héréditaire amènent si souvent la mort de l'enfant avant ou peu après l'accouchement.

Mais pourquoi les membranes profondes de l'œil sont elles un endroit d'élection pour les lésions de la syphilis héréditaire ?

Autant qu'il est possible de répondre à cette question, nous devons dire : — parce que la syphilis héréditaire est une syphilis d'origine sanguine, et la tunique uvéale est parmi les premiers organes richement vascularisés qui se forment chez l'embryon ; parce que, en outre, le nerf optique et la rétine, si précocement différenciés aux dépenses du cerveau embryonnaire, de même sont précocement exposés aux processus morbides, infectieux ou dyschrasiques, transmis de la mère au fœtus.

Il y a enfin à considérer ce fait, que si la dystrophie syphilitique frappe un organe plutôt qu'un autre, les antécédents héréditaires peuvent jouer en cela un rôle important. Tel enfant qui a reçu, par exemple, une tare nerveuse héréditaire, subira l'influence dystrophique sur son système nerveux.

Or, les stigmates ophtalmoscopiques sont éminemment héréditaires, jusqu'à l'hérédité directe, *similaire*, de la forme et de la localisation (voir les observations

LXXVIII-LXXIX et LXXX-LXXXI). Il nous suffirait, du reste, de signaler de ce point de vue nos nombreuses observations concernant des cas certains de stigmates ophtalmoscopiques, transmis aux enfants par une mère déjà hérédo-syphilitique (1).

Je voudrais conclure, à ce sujet, avec une phrase de Laschewitz, qui résume, comme Barasch le dit dans sa thèse, l'opinion d'un grand nombre de cliniciens : — « Il y a des familles qui méritent à bon droit le nom de pathologiques ; on y voit un individu atteint d'épilepsie, un autre d'atrophie musculaire progressive, un troisième est fou, un quatrième phtisique, et quand on remonte à l'origine du mal, la pathologie répond syphilis ». — Or, nous sommes convaincus que, dans de telles observations, *les stigmates ophtalmoscopiques de la tare congénitale, à l'état rudimentaire ou plus ou moins bien caractérisés, se rencontreraient chez tous, ou presque tous, les membres de la famille.*

Hirschberg fait observer, à très juste titre, que les manifestations du fond de l'œil dues à la syphilis *congénitale* sont toujours bilatérales, tandis que celles

(1) A ce sujet, rappelons aussi la communication récente de Strzeminski (*Maladies hérédo-syphilitiques des yeux à la deuxième génération* ; Rec. d'Ophtalm., octobre 1896). Il s'agit d'un homme ayant souffert de kératite parenchymateuse dans son enfance, avec type complet de Hutchinson. Pas de syphilis acquise. Cet homme a deux enfants, dont l'aîné présente une kératite parenchymateuse, durée 5 mois et suivie de choroïdite aréolaire, et l'autre, une fille, est prise à l'âge de 9 ans d'une chorio-rétinite cédant malaisément au traitement mercuriel ioduré.

dues à la syphilis *acquise* peuvent rester monoculaires même dans les cas les plus graves. Cela nous paraît vrai aussi pour les formes *rudimentaires*, de syphilis congénitale du fond de l'œil ; mais il est important de remarquer, comme nous l'avons déjà fait, que ces stigmates peuvent présenter des degrés très différents dans les deux yeux, de sorte à nous expliquer l'amblyopie congénitale soi-disant *sine materia*, d'un seul œil, et les cas exceptionnels de myopie monoculaire. En tout cas, la remarque de Hirschberg s'accorde avec d'autres arguments, qui nous feraient considérer les manifestions ophtalmoscopiques de la syphilis *acquise* comme des lésions *bacillaires*, et celles de la *syphilis congénitale* comme des altérations *toxiques*, ou *dyschrasiques*. Cette dernière nature est du reste reconnue à la kératite parenchymateuse, et aux manifestations parasyphilitiques en général (Fournier).

Une dernière question resterait à élucider. Les stigmates et les altérations fonctionnelles qui nous occupent, sont-ils univoques ? Ne peuvent-ils se rencontrer dans l'hérédité tuberculeuse, rhumatismale, goutteuse, alcoolique ou autre ? — Nos observations ne peuvent pas répondre directement, car les quelques cas où l'hérédité spécifique n'était pas péremptoirement confirmée par des données anamnestiques ou par d'autres stigmates personnels, ne suffiraient à prouver, ni pour l'affirmative ni pour la négative. D'autre part, combien nombreux ne sont-ils pas les rapports entre syphilis et tuberculose ou scrophule, et combien compliquées ces questions d'associations morbides, encore à l'étude ? Contentons-nous de rappeler l'histoire de la kératite interstitielle. Pour ne pas être univoque, n'en est-elle pas moins une marque faisant dépister presque toujours la syphilis héréditaire ?.. Et, d'autre part, quelle autre maladie, sinon la syphilis, entre en scène aussi fréquemment, soit au commencement de la vie fœtale, soit au cours de la toute première enfance, pour provoquer des lésions du fond de l'œil qui laissent leurs traces ?..

On pourrait donc en tout cas affirmer sans crainte, que si la syphilis n'est pas l'origine constante de stigmates ophtalmoscopiques, qui pourraient être produits par tout autre trouble morbide de la vie intra-utérine ou de l'enfance, elle en est, tout de même, la cause la plus fréquente et la plus puissante. De sorte que, les stigmates ophtalmoscopiques, de même et plus sûrement que les malformations dentaires ou autres, se trouvent attester chez l'enfant ou l'adolescent la syphilis, par la raison très simple que c'est la syphilis qui leur sert d'origine intra ou extra-utérine, du moins dans l'immense majorité des cas.

Mais, supposons le cas d'un enfant hérédo-syphilitique avéré, comme dans la plupart de nos observations. Pourrons-nous affirmer que les stigmates ophtalmoscopiques dérivent d'une façon certaine de la syphilis ? Une telle question, d'après les idées si autorisées de M. le professeur Fournier, serait difficile à trancher dans l'état actuel de nos connaissances. En effet,

nous pouvons considérer comme stigmates directs de
syphilis héréditaires des lésions qui en dérivent
d'une façon immédiate, par exemple les cicatrices
linéaires des commissures labiales, une perforation
du palais ou d'autres suites de gommes, mais nous
ne pourrions pas en affirmer autant des lésions dystrophiques en général, qui sont bien entendu très fréquentes chez les hérédo-spécifiques, mais qui peuvent
néanmoins se rapporter à d'autres causes banales.
Or, dans quel groupe faut-il placer nos stigmates
ophtalmoscopiques : dans les lésions strictement
syphilitiques, ou dans les lésions *parasyphilitiques* ?
Il nous semble plus juste de placer les stigmates ophtalmoscopiques rudimentaires, du moins jusqu'à présent, à côté de la kératite interstitielle et des autres
manifestations parasyphilitiques, et de considérer seulement les lésions ophtalmoscopiques bien caractérisées, par exemple les foyers de chorio-rétinite disséminée ou autre, comme des lésions directement spécifiques.

Ce qui nous confirme la nature *parasyphilitique* de
nos stigmates ophtalmoscopiques, c'est aussi de les
avoir rencontré comme tare de deuxième génération
dans plusieurs observations telles que la LXXIV-
LXXV ou la LXXVI et LXXVII, ou enfin la LXXXIV.
En lisant, ces jours derniers, l'intéressante communication de M. Barthélemy au congrès de Moscou (1),

(1) *Gazette hebd. de Médec. et de Chirur.*, 29 août 1897, p. 822.

sur la *para-hérédo-syphilis de deuxième génération*, nous avons pu encore mieux nous convaincre de l'importance des signes « grâce auxquels on pourra établir, dans des cas difficiles ou douteux, un diagnostic rétrospectif d'hérédo-syphilis lointaine, ou de para-hérédo-syphilis, et par conséquent instituer un traitement plus directement modificateur, plus profondément et plus heureusement épurateur. » Parmi ces signes, une des premières places appartient, suivant nous, aux stigmates ophtalmoscopiques ; et ils sont d'autant plus précieux, dans le cas de tare spécifique à la deuxième génération, que, presque toujours, cette tare comporte peu de signes et non des plus manifestes. Ce sont souvent des enfants venus au monde avant terme, qui n'ont jamais présenté aucun accident de syphilis pure, avérée, mais qui sont petits, chétifs, débiles, délicats et difficiles à élever, qui restent infantiles, réalisant le type de la para-hérédo syphilis directe (de 1re génération) ou plus rarement indirecte (de 2e génération). Les anomalies que ces enfants portent, y compris celles que nous signalons dans le fond de l'œil, n'auraient certainement pas existé sans la syphilis des ascendants ; le traitement spécifique, habituellement si heureux modificateur de la syphilis, ne pourra pas ou presque pas modifier ces stigmates, il est vrai, mais il pourra tout de même modifier le terrain, permettre à l'organisme d'évoluer avec l'âge dans le sens normale, prévenir d'autres manifestations, dont la nature para-syphilitique ne rend pas moins fâcheuses l'apparition et les suites (kératite parenchymateuse, trouble nerveux comme dans notre observation IV).

Nous avons souvent fait, à propos de nos cas, la même remarque que celle de M. Parinaud. (Discussion du rapport de M. Panas, cité par nous à page 106). C'est-à-dire, que si l'on obtient des renseignements positifs, au point de vue de l'anamnèse familiale, l'on apprend que la série des grossesses précédant l'enfant qui nous montre une kératite parenchymateuse, ou des stigmates ophtalmoscopiques, a présenté des fausses couches, des accouchements avant terme, des enfants peu viables, etc., tandis que les grossesses suivantes ont eu un meilleur résultat. Les manifestations oculaires seraient donc l'expression d'une syphilis congénitale atténuée, et plusieurs de nos observations (par ex. la XXXVII) nous semblent très instructives à ce point de vue là. Il se peut, dans d'autres termes, que dans une série d'enfants issus des mêmes parents, le premier ou les premiers seulement présentent des stigmates ophtalmoscopiques rudimentaires d'hérédo-syphilis, ce qui doit s'expliquer, ainsi que le dit M. Fournier, par la décroissance habituelle de l'infection hérédo-syphilitique sous l'influence du temps et du traitement (voir aussi l'observ. XLVI; *syphilis héréditaire alterne*, bien connue par les accoucheurs).

Enfin, il faut noter que la valeur diagnostique de nos stigmates est d'autant plus grande que le sujet est plus jeune, car plus tard des altérations secondaires, par exemple celles d'une myopie progressive, peuvent masquer et déformer les altérations primitives du fond de l'œil, surtout si elles étaient rudimentaires, et leur ôter une grande partie de leur valeur.

§ 8.

Pronostic et traitement de la syphilis congénitale dépistée grâce aux stigmates ophtalmoscopiques.

Nous sommes convaincus que, grâce aux *stigmates ophtalmoscopiques*, quand même *rudimentaires*, la syphilis héréditaire immédiate ou médiate (atavistique) peut être dépistée même en cas de manifestations tardives et exceptionnelles, telles que M. Fournier en rapporte dans son beau livre et telles que, par exemple, dans les cas relaté par M. Dubousquet-Laborderie (1), par Gilles de la Tourette (2) et d'autres. Puisque les lésions de la syphilis héréditaire tardive, même les lésions viscérales graves, sont curables par le traitement spécifique, l'intérêt d'un diagnostic sûr et précoce est énorme.

Nous nous rallions bien entendu, pour le traitement de la syphilis hérédo-congénitale de même que pour celui de la syphilis acquise, aux principes de Ricord et de Fournier. C'est-à-dire, traitement mercuriel plus

(1) DUBOUSQUET-LABORDERIE. *Trois cas de syphilis héréditaire tardive.* Journal de Médec. de Paris, 15 novembre 1896.
(2) Annales de Dermatologie, juillet 1892.

ou moins énergique (six mois en moyenne ; injections hypodermiques, précédant ou alternant les frictions) suivi par un traitement à l'iodure (trois mois en moyenne).

En outre, *traitements successifs* ; c'est-à-dire renouveler chaque année, ou tous les deux ans, la mercurialisation de l'organisme, en activant le traitement par de l'iodure.

Le pronostic qu'il est permis de porter, du moins *in pectore*, lorsque ces cas se prêtent à un traitement sérieux, est bien suggéré par les considérations suivantes, de notre excellent confrère M. A. Terson (1) : « Chez un grand nombre de syphilitiques, on se trouve en présence de lésions chorio-rétiniennes et papillaires tellement *anciennes* et tellement *avancées*, que tout traitement semble *à priori* inefficace : il n'en est rien. Nous avons vu bien des cas où l'on pouvait hésiter à entreprendre le traitement dans ces conditions, et où un traitement prolongé, par les frictions, et surtout par les injections intra-musculaires, amenait des améliorations surprenantes de la vision, alors que les lésions ophtalmoscopiques ne changeaient guère d'aspect. Il faut donc toujours espérer, et ne pas hésiter à appliquer un traitement mercuriel prolongé pendant des semaines et des mois, avec une patience que le succès peut récompenser. »

Ces paroles répondent si bien à notre conviction,

(1) Edition française de l'Atlas de Haab, déjà citée, p. 234.

acquise par des observations telles que par exemple notre observation IV, que nous avons été heureux de les transcrire.

Ajoutons, au sujet des manifestations ophtalmoscopiques rudimentaires de la syphilis congénitale, que le pronostic favorable qu'il nous est permis de poser dans ces cas, quant à l'affection oculaire, tient justement à la nature des altérations, à prévalence vasculaires. Il est évident, que le traitement spécifique est à même d'agir immédiatement et surtout sur la paroi des vaisseaux ; et alors, si les altérations ne sont pas très graves ni très anciennes, on comprend aisément que le rétablissement d'une circulation normale puisse améliorer rapidement la nutrition des tissus profonds de l'œil et amener la résorption de tout produit exsudatif, de toute infiltration qui ne soit pas encore organisée. Ces processus de réparation peuvent commencer même à une période tardive des manifestations, et marcher avec une rapidité assez grande vers un résultat merveilleux. En même temps que l'amélioration de l'organe visuel nous obtenons, très souvent, la guérison des autres manifestations déjà écloses, et nous en prévenons, peut-être, d'autres bien graves, car il est connu combien souvent la syphilis tardive de l'appareil optique est liée à celle du système nerveux central (Horstmann, Alexander, Uhthoff, etc.) (1).

(1) Les résultats toujours satisfaisants, quelquefois merveilleux, que le traitement spécifique donne dans le cas dont nous parlons, montreraient que les lésions, tout en étant dans l'ordre des mani-

Qu'il me soit permis de finir par quelques mots sur les détails du traitement. Je suis resté fidèle à-la méthode qui m'a semblé toujours la plus rationnelle, c'est-à-dire de commencer, chez les jeunes sujets ou les adultes, par la mercurialisation intensive, grâce à une série d'injections sous-cutanées de bichlorure, ou d'oxycianure de mercure, et de la continuer d'une façon plus modérée, grâce aux frictions, ou aux bains de vapeurs mercuriels qu'Alexander recommande. Quant aux enfants, les frictions seraient la méthode de choix, si l'on pouvait être sûr de la technique ; mais, étant donné les difficultés pratiques des frictions, il vaut mieux s'en tenir à la liqueur de van Svieten, ou au sirop de Gibert, qui sont très bien supportés même par les nourrissons.

J'ai suivi avec intérêt, ces derniers temps, les communications des syphilographes sur la succinamide de mercure combinée à la cocaïne, sur le benzoate ou le peptonate de mercure, etc., destinés à remplacer le sublimé pour des piqûres quotidiennes chez les

festations tardives, diffèrent de celles qui font le substratum organique du tabès, et de l'atrophie grise typique des nerfs optiques. S'il est vrai que chez des tabétiques, malgré l'étiologie avérée de l'affection, le traitement spécifique ne guérit jamais, et risque parfois de précipiter les choses, surtout l'atrophie optique, il est aussi certain que nombre de tabétiques, entrepris au début de leurs symptômes, voient arrêtés, par la cure mercurielle, les progrès de leur maladie ; en tout cas, la crainte de nuire ne nous empêchera jamais de conseiller le traitement spécifique énergique, chez des malades tels que le jeune René B... (observ. IV), ou dans d'autres cas analogues.

adultes, et sur les injections plus espacées, d'huile
grise, de calomel ou d'autres sels insolubles. J'aurais, certainement, essayé de ces moyens, si les inconvénients que l'on a annoncé pour les piqûres de
sublimé m'y avaient engagé (1); mais j'avoue que
jamais je n'ai eu à me plaindre de ces piqûres, et que
les résultats que j'en ai obtenu n'auraient pu être meilleurs. A quoi bon, alors, changer? La solution que
j'emploi, au centième, (*ana* bichlorure de mercure et
chlorure de sodium, pour augmenter la diffusibilité)
me permet d'injecter un centigramme de médicament
par jour. En faisant les piqûres dans le dos, pas trop
bas (aux fesses elles sont parfois douloureuses) ni trop
de côté (dans la région scapulaire, ou trop près de
l'aisselle, elles provoquent parfois l'engourdissement
du membre supérieur) et en les faisant suivre par un
bon massage local, les piqûres ne laissent pas de traces,
et rarement provoquent de la douleur, du reste très pas-
sagère et supportable. Mais, il faut pousser l'aiguille, en
soulevant un gros pli de peau, ni trop près du derme ni
trop profondément dans la couche musculaire, car la
couche qui est moins sensible, et qui peut absorber rapidement, surtout sous l'action du massage fait immé-

(1) On lit encore, dans des ouvrages récents et très répandus :
« Les injections de bichlorure (de mercure) sont très douloureuses
et elles donnent lieu à des indurations de la peau et souvent à des
abcès. Ces inconvénients sont tels, que la plupart des médecins qui
ont expérimenté cette méthode de traitement ont dû l'abandonner
bien vite. » (LAVERAN et TEISSIER, *Nouveaux éléments de pathologie médicale*, Paris, 1882, p 221).

diatement après l'injection, est le tissu conjonctif, *la grande séreuse sous-cutanée*. Je fais les piqûres tous les jours, au commencement, si rien ne s'y oppose, en surveillant, bien entendu, l'état de la bouche, et en faisant avaler, après les gargarismes, quelques gorgées de la solution au chlorate de potasse. Au bout de 15 à 20 piqûres, en moyenne, l'amélioration commence à se déclarer ; alors on peut laisser au malade, tous les deux ou trois jours, un jour de repos. Mais, il faut continuer la série des piqûres jusqu'à la quarantaine, en général, et seulement après cette série commencer les frictions et, s'il le faut, l'iodure. Il me paraît vraiment regrettable, que ces principes si rationnels de la mercurialisation soient passés de mode, et je souhaite pour eux, dans l'intérêt de nos malades, le *multa raenovantur, quae jam cecidere*.

RÉSUMÉ

1°) Nous sommes convaincu, que les stigmates du fond de l'œil sont peut-être les plus fréquents parmi ceux de la dystrophie hérédo-syphilitique. Mais, il s'agit de reconnaître même les *stigmates rudimentaires*, dont suit en quelques mots l'énumération :

Quant à la papille : teinte pâle ou grisâtre, blanc sale, en totalité ou en secteurs, bord légèrement flou ou déchiqueté, souvent entouré d'un *cadre pigmentaire*, total ou partiel. — Quant aux vaisseaux : diminution du calibre des artères, augmentation relative du calibre des veines, irrégularités de ce calibre, effacement des bords, quelquefois de toute la largeur du vaisseau, surtout au moment où il traverse le bord de la papille, ou à peu de distance de ce bord. — Quant à la région péri-papillaire, quelquefois légère suffusion rétinienne en différents endroits, compris entre deux vaisseaux ; plus souvent *teinte ardoise*, dégradant vers la région équatoriale du fond de l'œil. — Quant à cette dernière région : souvent *pigmentation grenue*, c'est-à-dire en pointillé très fin, qui peut présenter toutes les différentes formes de passage vers la rétinite pigmentaire ou la chorio-rétinite disséminée rudimentaire.

Des altérations analogues de surpigmentation ou de dépigmentation, diffuses ou tachetées, se montrent dans la région périphérique du fond de l'œil.

2°) Plusieurs de nos *stigmates rudimentaires*, par exemple le cadre pigmentaire de la papille rapporté à l'anneau choroïdien, la teinte ardoisée rapporté à la surpigmentation physiologique péripapillaire, la pigmentation rétinienne franchement grenue rapporté à l'aspect grenu physiologique du fond de l'œil, etc., sont à tort décrits et figurés, dans quelques manuels et atlas d'ophtalmoscopie, comme des variétés du fond de l'œil normal. De même les altérations fonctionnelles, encore incomplètement étudiées, de ces cas, sont presque toujours considérées comme des amblyopies congénitales pures et simples.

3°) Dans plusieurs de ces cas, une espèce d'arrêt de développement, ou de malformation de l'œil, cause une hypermétropie plus ou moins forte, associée à un certain degré d'astigmie ; mais, malgré la correction parfaite de l'amétropie, l'acuité reste souvent au-dessous de la normale (0. 5 en moyenne). Il serait donc justifié de parler d'une *amétropie*, et surtout d'une *astigmie, par dystrophie hérédo-syphilitique.*

En outre, plusieurs cas de *myopie monoculaire*, jusqu'à présent mal interprétés, sont d'origine hérédo-spécifique ; c'est-à-dire que les stigmates chorio-rétiniens sont plus avancés dans un œil que dans son congénère, de sorte que la distension de la coque oculaire, l'allongement axile de l'œil, se font d'un côté plus rapidement et plus considérablement que dè l'autre.

4°) La triade de Hutchinson se trouve rarement complète et, des trois symptômes qui la composent, les malformations dentaires ne sont pas toujours bien caractérisées, les altérations de l'appareil auditif sont relativement rares et la kératite parenchymateuse est plus ou moins tardive. On comprend donc aisément la grande valeur des *stigmates ophtalmoscopiques*, quand même *rudimentaires*, pour assurer un diagnostic précoce et prévenir, autant que possible, toute autre manifestation de l'hérédo-syphilis.

5°) Quant au *strabisme hérédo-syphilitique*, dont la fréquence était déjà connue mais dont le mécanisme jusqu'à présent restait obscur, sa génèse se trouve toute expliquée par nos *stigmates rudimentaires*. En effet, à part les autres influences de la dystrophie hérédo-syphilitique sur l'appareil de la vision binoculaire, il suffit de remarquer que très souvent le degré différent des stigmates, dans les deux yeux, est cause d'anisométropie et de différence considérable d'acuité visuelle, ce qui rend presque fatal le trouble de la vision binoculaire, et ensuite la déviation de l'œil le plus imparfait.

6°) Les *stigmates ophtalmoscopiques*, même *rudimentaires*, sont peut-être les plus précieux pour dépister la syphilis congénitale, car ils peuvent être les seuls chez un jeune sujet, du moins dans la toute première enfance. A côté de stigmates douteux, de mal-

formations simplement suspectes, de données anamnestiques insuffisantes, la présence de nos stigmates
ophtalmoscopiques peut trancher toute question. Elle
doit engager en tout cas, avec confiance, au traitement
spécifique préventif de manifestations plus tardives
et plus graves, telles que surtout la kératite parenchymateuse où les affections du système nerveux.

PARTIE DOCUMENTAIRE

Nous avons dû choisir parmi nos observations les plus démonstratives, qui étaient au nombre de 150 environ, et presque toutes consignées dans les livres de la clinique de notre excellent maître M. le docteur Landolt, seulement celles qui pouvaient se rapporter de tout près au texte de notre travail.

Pour être plus brefs et éviter les redites, nous nous contenterons d'énoncer la spécificité congénitale comme étant *avérée*, dans les cas où les données anamnestiques, familiales et personnelles, ou d'autres stigmates, rendaient sûr le diagnostic. Nous ne signalerons donc pas, à moins de détails intéressants, les éléments de ce diagnostic, qui se trouvaient parmi ceux du tableau suivant, de l'Hôpital Saint-Louis. Ce tableau est inédit. Nous le reproduisons avec la permission de M. le Professeur Fournier, que nous sommes heureux de remercier ; et l'intérêt que cette feuille présente nous fera certainement pardonner de la publier ici, dans un travail qui ne s'occupe pas de la syphilis héréditaire en général.

Il est à noter, une fois pour toutes, que presque tou-

TECHNIQUE D'EXAMEN

POUR LE DIAGNOSTIQUE DE LA SYPHILIS HÉRÉDITAIRE TARDIVE

A) STIGMATES PERSONNELS

I *Infantilisme* — Taille, gracilité des formes. Retard de développement (croissance, dentition, marche, parole, puberté, système pileux, testicules, seins, règles).

II *Cicatrices tégumentaires* — Peau (notamment cicatrices péribuccales ou périanales, de Parrot). Muqueuses (surtout à la gorge).

III *Malformations ou difformités acquises du squelette.* Exostoses, hyperostoses et, plus spécialement :

- 1º Crâne (bosselures, crâne natiforme, asymétrie, hydrocéphalie).
- 2º Face (Nez écrasé à la base ; nez à lorgnette ou à télescope ; voûte palatine ogivale).
- 3º Tibia (en lame de sabre).
- 4º Rachitisme (Parrot).
- 5º Stigmates articulaires (hydartroses chroniques, arthropathies déformantes).

IV *Testicule*

- 1º Infantilisme testiculaire.
- 2º Sclérose, atrophie sclérotique des testicules.

V *Triade de Hutchinson*

- 1º OEil (stigmates de kératite interstitielle ; d'iritis ; du fond de l'œil. — Strabisme. — Malformations oculaires diverses).
- 2º Oreille (cicatrices et perforation du tympan. Surdité. Surdité rapide, foudroyante. Surdimutité).
- 3º *Système dentaire*
  - a) Malformation des maxillaires.
  - b) Irrégularité d'implantation dentaire.
  - c) Absence permanente de certaines dents.
  - d) Permanence des dents de lait.
  - e) Dystrophies dentaires (microdontisme ; amorphysme dentaire ; dystrophie coronaire, en cupule, en sillon, en nappe ; dystrophie cuspidienne, dents de Hutchinson ; vulnérabilité dentaire, édentation).

VI *Arrêt de développe-ment psychique :* } Enfants arriérés, imbéciles, idiots (dégénérés).

VII *Arrêts divers du développement physique* { Bec-de-lièvre ; pied-bot : genu valgum ; syndactilie : asymétrie ; monstruosités (nanisme, gigantisme).

DONNÉES ANAMNÉSTIQUES.

Relatives :

1º au malade (éruptiou du jeunc âge, affections oculaires, écoulements d'oreilles, convulsions, épilepsie, pseudo-paralysie de Parrot, douleurs osseuses, etc.).

2º aux ascendants (syphilis acquise ou congénitale).

3º à ses collatéraux directs (polimortalité infantile, par avortements ou accouchements avant terme ; morts-nés ; morts en bas âge, d'atrepsie, convulsions, méuingisme).

jours, dans nos cas, la tare spécifique congénitale a été soupçonnée, et démontrée ensuite en complétant l'observation, après l'éveil donné par l'examen ophtalmoscopique. Si dans quelques-unes de nos observations l'optométrie et l'examen fonctionnel sont incomplets, ou la description des stigmates du fond de l'œil est par trop sommaire, c'est que nous n'avons rien voulu ajouter aujourd'hui aux notes prises devant le malade, au jour le jour, et que les exigences de la consultation ne permettent pas constamment de compléter les observations autant qu'on le voudrait. Du reste, telles qu'elles sont, nos observations, les unes se trouvant complétées par les autres, et leur ensemble étant interprété d'après ce que nous venons d'exposer dans notre travail, elles suffiront, nous voulons l'espérer, en tant que partie documentaire de travail. Qu'il nous soit permis de signaler ici, puisque l'occasion en a manqué dans nos différents paragraphes, des *observations familiales* telles que XL à XLIV, LIII à LVI, LVII à LX, et des cas de *stigmates atavistiques*, tels que les obs. LVII, LVIII, etc.

Quant aux figures, à part les dessins aussi fidèles que possible, intercalés dans plusieurs de nos observations, nous avons choisi pour les planches en couleurs les aquarelles de notre collection où plusieurs *stigmates* se trouvaient réunis. Ce choix, dicté par des raisons d'opportunité que l'on comprendra aisément, a le seul inconvénient de montrer au lecteur des cas où les stigmates, à cause de leur association

plus que de leur nature individuelle, cesseraient presque d'être rudimentaires. Mais, la lecture attentive
de la *partie documentaire* qui va suivre, peut remet-
tre les choses à leur place, avec l'indication des stigmates rudimentaires qui se trouvaient parfois isolés,
parfois différemment associés, dans la série de nos
observations. Enfin, les notes que nous avons ajou-
tées p. 24, 26, 33, 34, 40, 46 et 49 nous paraissent un
supplément très utile à la partie illustrative de ce mémoire, car elles renvoient le lecteur à des ouvrages
et atlas d'ophtalmoscopie qui se trouvent dans toute
bibliothèque d'oculiste.

OBSERVATION I. — (*Nous la relatons à cause de quelques stigmates rudimentaires — segment de cadre péripapillaire,
aspect tigré de la périphérie du fond de l'œil, etc., — ac-
compagnant une forme bien caractérisée de rétinite pigmentaire). Syphilis héréditaire certaine, d'après l'aveu
du père et les données anamnestiques familiales et personnelles. Nous nous bornerons à la description ophtalmoscopique* :

Sav..., Cap..., 19 ans. (Naples, déc. 1893).

O. G. Cataracte polaire postérieure très limitée. Papille blanc-
grisâtre, à bords flous, surtout en haut et du côté temporal
(examen à image droite, pendant lequel ont été exécutés les
dessins ; Fig. 1, *a* et *b*). Toute la périphérie de la papille,
sur un cadre assez mince, est légèrement plus blanche.
Vaisseaux centraux très réduits de calibre, surtout les artères. Dans le segment inférieur temporal du bord papillaire,
dépôt de pigment très noir, à bord externe déchiqueté. Rien

de remarquable dans la région maculaire. La zone équatoriale
du fond de l'œil présente les corpuscules osseux, caractéristiques de la dégénérescence pigmentaire de la rétine, sur

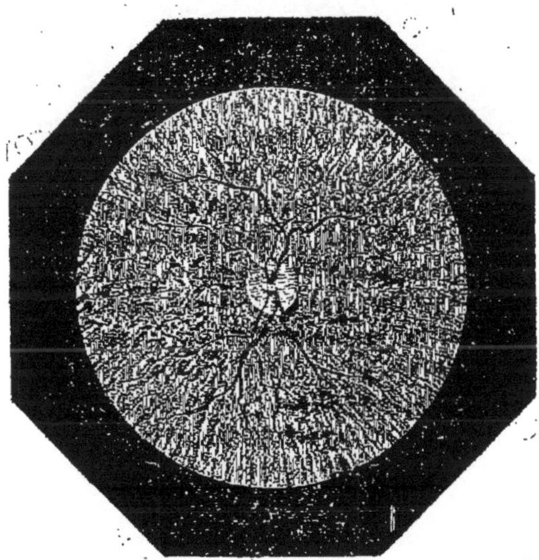

Fig. 1, *a*
(Obs. I : O. G., image droite).

une zone qui commence à la distance de un diamètre papillaire, ou un diamètre et demi, du bord de la papille, et qui
est très étendue du côté nasal, très peu du côté opposé ; toute
la périphérie du fond de l'œil, grâce à la dépigmentation diffuse de l'épithélium rétinien et à la surpigmentation du
stroma choroïdien dans les interstices des vaisseaux, présente
un aspect tigré bien prononcé, presque uniforme, analogue à
l'aspect de l'ora serrata chez les vieillards.

O. D. Cataracte polaire postérieure encore plus limitée qu'à
gauche. Papille analogue à celle de gauche, secteur de cadre
pigmentaire peu marqué, du côté nasal ; trainée de pigment
longeant l'artère nasale inférieure (pas reproduit dans la fi-

gure). La dégénérescence pigmentaire de la rétine est surtout

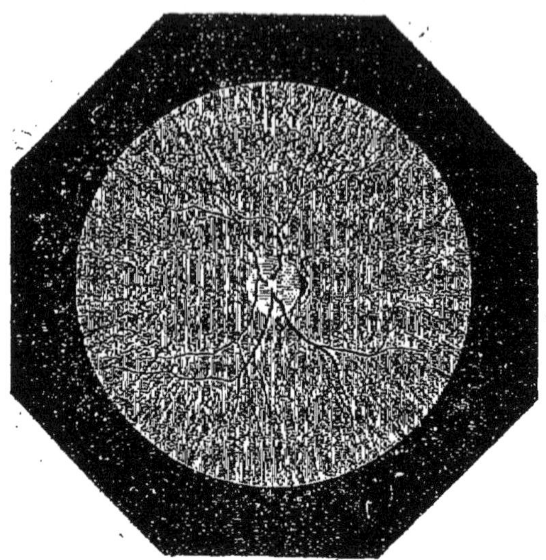

Fig. 1, *b*.
(Observ. I; O. D., image droite.

étendue et caractérisée dans le segment supérieur du fond de
l'œil. Aspect tigré de la périphérie comme à gauche.

OBSERVATION. II. — (*Spécificité congénitale avérée; plusieurs
frères et sœurs morts après naissance, plusieurs stigmates personnels, etc.) Aux deux yeux, stigmates ophtalmoscopiques rudimentaires, forme simple, périphérique,
avec intégrité de la région équatoriale du fond de l'œil.*

M. Petr... Ant..., étudiant en médecine, 22 ans, sujets à cheveux blonds foncés. (Naples, février 1894).

O. G. avec — 0,5+ 3,5 à 5° temp. V = 2/3. — Papille à bord
flou, légèrement déchiqueté dans toute son extension. Artères
supérieures assez minces, avec une légère suffusion le long

de leurs bords. La veine temporale supérieure est longée, dans son trajet péri-papillaire, par quelques légères traînées blanchâtres. Les artères inférieures sont aussi très minces, et les veines inférieures montrent aussi des bords flous, dégradant vers les traînées de suffusion rétinienne légère. Le segment inférieur du fond de l'œil montre, à la périphérie, un aspect tigré assez étendu et bien prononcé ; le segment supérieur présente, en outre, quelques taches de pigmentation choroïdienne plus intense, sur un fond tigré uniforme ; du côté temporal et nasal cet aspect tigré commence plus loin, vers l'ora serrata, se montrant aussi moins prononcé.

O. D. avec cyl + 2,5 a 10° temp. V. = 1/4 environ. Stigmates ophtalmoscopiques (Fig. I, planche I) analogues à ceux de gauche, mais plus manifestes en ce qui concerne coloration grisâtre de la papille, altérations de son bord et de ses vaisseaux : notamment les veines ont un calibre considérable par rapport aux artères, et le gardent jusqu'à la périphérie du fond de l'œil. Aspect tigré de la région périphérique, beaucoup plus marqué — surtout en haut — que dans l'œil gauche. Du côté temporal, surtout en bas, dans le segment antérieur de la région équatoriale qui précède immédiatement la zone périphérique fortement tigrée, on voit des veines rétiniennes relativement très larges et tortueuses.

OBSERVATION III. — *Spécificité congénitale avérée. Vue faible, dès le jeune âge. Amblyopie progressive depuis quelques mois, intoxication par l'alcool et le tabac. Nous donnons l'observation, surtout à cause de l'altération partielle de la papille, avec secteur de cadre pigmentaire correspondant au secteur atrophié du disque optique.*

M. Qu..., (Clinique Landolt, 6 novembre 1896). (Fig. 2) O. G., V = 0,08 environ (à la skiascopie, As. m. inverse 1,5 D.). Atrophie très manifeste du segment nasal de la pa-

pille, bord papillaire correspondant occupé par un secteur de
cadre pigmentaire très noir, et par une tache blanche uniforme à bord net (ancien foyer hémorrhagique ?...) O. D., V =
0,06 environ; (à la skiasc. As. m. inverse 1 D). Atrophie plus
étendue, du segment nasal de la papille, avec secteur de
cadre pigmentaire correspondant.

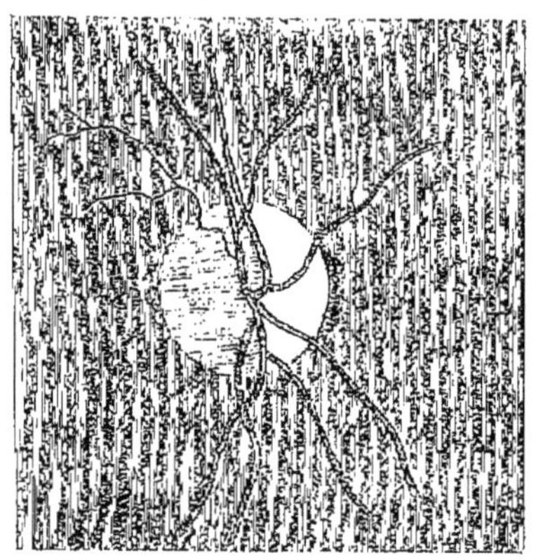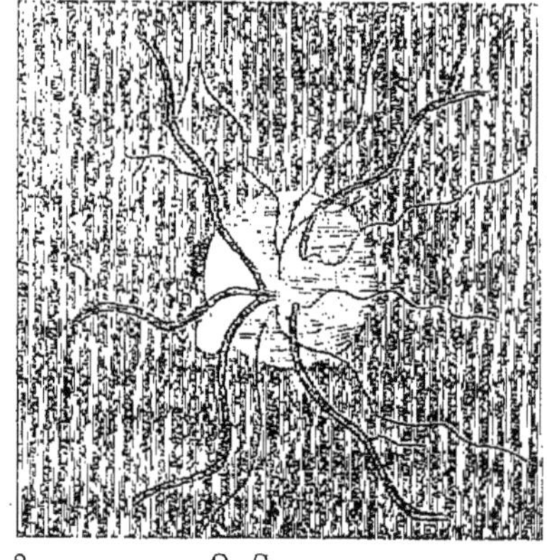

O. D. Fig. 2 O. G.

Observation IV. — (*Reproduite d'après la communication de
M. Dreyer-Dufer. « Un cas de maladie de Friedreich », Bullet.
de la Soc. de Dermatol., 10 décembre 1896.*)

Antécédents héréditaires. — L'enfant René B... est âgé de 14
ans. Ses parents sont bien portants. Le père, tonnelier, est
un ancien soldat de l'infanterie de marine.

La mère est une forte campagnarde sans antécédents personnels (1). Mariée six mois après le retour du service de
son mari, elle a eu six enfants.

(1) Ces derniers temps, après avoir constaté la fréquence de *stigmates ophtalmoscopiques atavistiques*, nous avons procédé,
M. Dreyer et moi, à l'examen minutieux de cette femme, au point
de vue anamnestique et des détails du fond de l'œil. Nous avons,

Antécédents collatéraux. — Des frères de René, deux sont morts, l'un à huit jours du tétanos, l'autre à trois mois et demi de la poitrine.

Un est venu à sept mois (avant terme).

Un, postérieur à la naissance de notre malade, a eu des convulsions pendant trois ans.

Tous les autres enfants sont bien portants. Jamais de fausse couche.

Antécédents personnels. — René B... est venu à terme.

Rien à noter jusqu'à l'âge de 12 ans. A cet époque, il est soigné pendant un mois et demi pour une fièvre typhoïde, à la suite de laquelle aurait existé pendant quelque temps un certain trouble de la parole, de la lenteur de l'expression. A 13 ans, pendant trois à quatre mois, violentes douleurs dans les oreilles, l'enfant criait des nuits entières. Otorrhée, légère surdité consécutive. Il quitte l'école et accompagne son père tonnelier, pour l'aider dans la mise en bouteilles et la fabrication des tonneaux, etc.

Affection actuelle. — Il faut faire remonter le début de l'affection actuelle au mois de mai 1896 : la vue à ce moment se met tout à coup à baisser progressivement. Vers la fin du même mois René B... prend un bain froid dans la Seine ; il en revient souffrant, pris de frissons, ressentant quelques maux de tête. L'abaissement de la vue s'accentue encore.

Puis, vers mi-juin, l'enfant commence à se tenir mal sur ses jambes. La mère remarque qu'en marchant il a de la tendance à courir et si on ne le retient pas il menace de tomber. La montée ou la descente d'un escalier est des plus difficiles ; l'enfant lance ses jambes dans celles de la personne qui le conduit. Il lui est impossible de monter les marches une à une ; c'est par deux ou trois qu'il procède.

Le docteur Guillermet, auquel on avait conduit le petit, l'a-

en effet, observé chez la mère de notre jeune malade des stigmates ophtalmoscopiques non douteux, bien que rudimentaires. (O. G. V = 0,5 ; O. D. V = 0,4, après correction exacte de l'As. myopique). Teinte ardoisée péripapillaire, dépigmentation, etc.

dresse pour la première fois à la clinique du docteur Landolt, le 25 juin dernier. On constate à cette époque une acuité visuelle égale au 6|100 de la normale à gauche et aux 4|100 à droite. Il était donc impossible à l'enfant de se conduire seul. L'examen ophtalmoscopique révèle des lésions de chorio-rétinite ayant retenti sur la papille, qui est pâle, blanche et décolorée. Les artères y sont amincies. Sur toute l'étendue des membranes existe une teinte ardoisée, diffuse, brillante, ressemblant beaucoup à la teinte péripapillaire des cas caractéristiques et sûrs de chorio-rétinite spécifique congénitale, tels que les a observés si souvent A. Antonelli (de Naples), notre collègue à la clinique, et sur lesquels il a en ce moment un travail en préparation.

Il existe également de la périartérite. Les artères peuvent être suivies jusqu'à l'équateur de l'œil et on les voit longées par une traînée blanc-grisâtre, suivant les troncs principaux et se divisant ensuite pour accompagner les branches secondaires. Malgré l'absence de signes autres de syphilis héréditaire ou acquise, il est conclu dans le sens d'une étiologie spécifique de l'affection générale et oculaire, et le traitement mercuriel est conseillé au médecin traitant.

Appliqué à l'état de friction et avec peu d'intensité, il n'a pas d'effet et la mère ramène l'enfant le 3 juillet : son état s'était aggravé, car il était à peine possible de le conduire et les troubles ataxiques avaient envahi les membres supérieurs ; l'enfant ne pouvait plus se nourrir seul, ni se servir de ses membres.

J'examine à ce moment le petit patient au point de vue général et je constate :

1° *Ataxie inférieure et supérieure*. — Ce qui frappe en voyant marcher l'enfant c'est la façon dont il marche : les jambes écartées, à chaque pas il laisse ballotter les jambes au loin à droite ou à gauche, sans y mettre de la force. Il se penche sur son conducteur et a tendance à marcher de travers, c'est-à-dire à ne pas se diriger en droite ligne.

Il lui est difficile au repos de se tenir stable. Est-il debout, il reste les jambes écartées, mais vacille à droite et à gauche.

Ce trouble est augmenté si on lui fait fermer les yeux. Est-il assis, il restera abandonné à lui-même pour tomber, s'il n'a pas le dos appuyé, à droite ou à gauche sur le divan sur lequel il passe sa journée.

Quant aux membres supérieurs, il lui est impossible de se boutonner, d'enlever sa veste; il arrive difficilement à prendre un objet placé sur une table devant lui. Malhabile de ses mains, de ses doigts, ses efforts se dirigent à côté du point qu'occupe l'objet qu'on lui recommande de prendre, et si on lui dit de toucher avec un doit son nez ou son oreille, il ira toujours à côté.

Il n'existe pas de tremblements et la force musculaire est conservée.

2° *Sensibilité* normale — le sens musculaire persiste.

3° *Réflexes* disparus tant aux membres supérieurs qu'inférieurs.

4° *Intelligence* conservée, mais le malade paraît hébété, il reste ainsi ne paraissant pas s'occuper de ce qui se passe autour de lui. Lorsqu'on lui cause, il reste quelque temps sans répondre. Les paroles sont lentes, hachées, par syllabes.

5° *Appareil oculaire.* — Nous avons déjà décrit les lésions constatables par l'examen ophtalmoscopique ; ce sont :

a) Papilles des nerfs optiques en voie d'atrophie blanche.

b) Chorio-rétinite spécifique héréditaire et périartérite.

A son entrée à la clinique il existait en outre :

c) De la parésie du droit interne de l'œil droit, provoquant un léger strabisme divergent et une diplopie croisée manifeste.

d) De la parésie des mouvements associés de convergence (impossibilité de fixer un objet rapproché):

e) De la paralysie de l'accommodation. — Mydriase. — Les pupilles réagissaient à la lumière, mais restaient dilatées lorsqu'on faisait fixer un objet rapproché ; il faut noter que c'est le phénomène inverse de celui décrit par Argyll Robertson. Ces deux derniers phénomènes paralytiques sont caractéristiques de la paralysie essentielle de la convergence décrite par M. Pa-

rinaud (1) et signalée déjà par Landolt (2), dans l'ataxie locomotrice.

f) Cécité pour le vert et le jaune.

g) Léger degré de nystagmus dans les regards extrêmes.

h) Selles et mictions normales.

Tous les organes sont sains.

Pronostic. — C'est la marche rapide qui n'avait pas laissé à
la scoliose vertébrale, ni aux déformations des pieds le temps de
se produire, et c'est surtout la rétino-choroïdite syphilitique qui
nous fit porter, au point de vue général surtout, un pronostic
plutôt favorable. Les lésions atrophiques de la papille laissaient
une amélioration de la vue possible; mais jamais, c'était notre
pensée, le retour de l'intégrité de la vision.

Traitement. — Un traitement intensif fut donc appliqué, tel que le réclame toute syphilis grave, cérébrale ou mé-
dullaire. Celui-ci consista en injections sous-cutanées quotidiennes de sublimé (1 centig. par jour) et en 3 grammes par jour
d'iodure de potassium.

Suites. — Le pronostic posé était le bon, car, sous l'influence
de ce traitement actif, l'élocution s'améliora, l'ataxie s'amenda,
la parésie des mouvements associés de convergence disparut,
les réflexes rotuliens reparurent, et actuellement toute trace
de l'affection générale a disparu. Du reste voici les annotations
faites au jour le jour.

15 juillet. 7ᵉ piqûre. La vue reste la même. L'enfant s'exprime plus facilement, la marche est plus assurée. Les jambes
sont moins lancées.

Le 17. 9ᵉ piqûre. Mange plus facilement. Touche plus rapidement son nez. La parésie du droit interne droit paraît
moindre.

Le 18. 10ᵉ piqûre. Les pupilles commencent à réagir à l'accommodation. Marche mieux, les jambes moins écartées, en

(1) Parinaud. Paralysie de la convergence. *Soc. d'opht.*, 1886,
p. 23.

(2) Wecker et Landolt *Traité d'opht.*, t. III, p. 923.

ligne droite. Tourne plus rapidement. Les yeux fermés et dans la station debout ne tombe pas.

Le 20 12ᵉ piqûre. L'enfant va réellement bien, il marche avec assurance. L'ataxie supérieure va beaucoup mieux, L'enfant commence à pouvoir converger. Les réflexes rotuliens réapparaissent. Pupilles réagissent bien à la convergence et à la lumière.

Le 28. 20ᵉ piqûre. La vision à gauche égale 1/10 de la normale. Les signes de choroïdite diminuent. Toute ataxie a disparu. Réflexes rotuliens normaux. L'enfant quitte la clinique.

24 août. *A gauche* : la vision est égale aux 8/10 de la normale. Segment temporal de la papille encore très blanc.

A droite : L'acuité visuelle est égale au 6[10 de la normale Papille blanche. Grandes veines normales, une moyenne interrompue dans son parcours, les petites tortueuses.

Des deux côtés, champ visuel uniformément rétréci, 65° en dehors.

14 octobre. *L'acuité visuelle est normale aux deux yeux. Plus de traces de l'affection générale,* sauf une certaine paresse du réflexe rotulien.

Remarques. — Cette observation nous paraît très intéressante, de plusieurs points de vue : — 1°) L'origine hérédo-spécifique, probablement *médiate* (de seconde génération) des lésions oculaires et nerveuses — 2°) Le diagnostic étiologique, posé d'emblée, simplement grâce à l'examen ophtalmoscopique, et confirmé d'une façon si brillante par le succès thérapeutique. — 3°) L'insuffisance du traitement aux frictions, le résultat merveilleux obtenu par les injections de sublimé et l'iodure — 4°) Les troubles nerveux, au sujet desquels nous renvoyons à la communication citée (1). Nous voudrions, seulement, ajouter quelques lignes aux remarques de notre excellent confrère et ami Dreyer-Dufer.

Notre observation nous paraît devoir être placée à côté de celle que Alexander (2) relate parmi 26 cas de papillite et neurite optique syphilitiques, observés par lui dans l'espace de 5 ans. Il y avait association, ce que l'auteur déclare *très rare*, d'une névrite optique bilatérale avec des symptômes aigus de lésions spinales. Un jeune homme, de 26 ans, avait eu, 18 mois auparavant, toute la série des manifestation secondai-

---

(1)... « Telle est l'histoire de notre malade. Malgré l'absence de scoliose et de déformation des pieds, et malgré la marche rapide (2 mois pour les troubles généraux), nous avons qualifié cette affection du nom de MALADIE DE FRIEDREICH. Les principaux symptômes de cette maladie sont réunis dans ce cas :

Ataxie spéciale s'étendant rapidement aux membres supérieurs. Instabilité. Pas de trouble de sensibilité. Absence des réflexes rotuliens. Nystagmus.

Du reste, en 1890, M. le professeur Fournier, présentant à la Société de dermatologie un malade atteint de tabès aigu guéri par le traitement spécifique, a terminé sa communication par les paroles suivantes :

« Si les symptômes que je viens d'énumérer avaient été répartis sur un laps de temps de 2 ou 3 années, le diagnostic d'ataxie locomotrice se serait évidemment imposé de lui-même. Il n'y a pas de raison de le repousser parce qu'ils se sont condensés en quelques semaines. »

Nous agissons de même ; mais en tous cas, si on ne nous reconnaît pas le droit de dénommer cette affection MALADIE DE FRIEDREICH, nous croyons que cette observation présente un intérêt assez grand en tant que SYPHILIS CÉRÉBRO-SPINALE SIMULANT UNE MALADIE DE FRIEDREICH, pour mériter la publication. »

(2) ALEXANDER. *Neue Erfahrungen über luetische Augenerkrankungen*. Wiesbaden 1895, page 33-35.

res, et depuis 3 mois souffrait de l'abaissement pro-
gressif de la vue et depuis 4 semaines d'une faiblesse
des membres inférieurs et d'autres symptômes spinaux
tels que troubles de la miction, impuissance, etc. L'O.
D. présentait V. = 20/200, le champ visuel très rétréci, achromatopsie pour le jaune et le bleu ; l'O. G.
pouvait seulement compter les doigts de très près et
ne reconnaissait plus du tout les couleurs. A l'ophtalmoscope la névrite optique du côté gauche montrait
déjà le commencement de la phase atrophique, mais
les vaisseaux centraux ne montraient pas d'altération,
notamment les veines n'étaient ni bien dilatées ni tortueuses. En rapport avec les manifestations spinales,
les réflexes étaient exagérés, il y avait clônus du pied,
dysesthésie et parésie des membres inférieurs, surtout
de la jambe droite, points douloureux aux apophyses
épineuses des vertèbres dorsales. Alexander se dit
convaincu que, dans ce cas, il s'agissait de processus
multiples, d'un côté méningite basilaire et transmission par les gaines du nerf optique, de l'autre côté
affection des enveloppes de la moelle épinière.

Les cas analogues sont relativement rares, et Alexander cite ceux de Rumpf, Dreschfeld, Noyes, Elschnig,
Schanz et Lawford, Knapp, Achard et Guinon, Steffan,
Séguin. Dans toutes ces observations, comme dans
celle d'Alexander et dans la nôtre, les symptômes oculaires avaient précédé ceux de l'affection spinale ; mais
dans la plupart l'étiologie n'était pas spécifique, et nous
la trouvons rapportée aux refroidissements, ou, dans

ces derniers temps, à l'influenza. Le pronostic peut être relativement favorable, car dans presque tous les cas cités il y eut au moins une amélioration plus ou moins sensible après le traitement, surtout dans les cas spécifiques. Chez le malade d'Alexander la V. de l'O.D. remonta à 20/70 et le champ visuel s'élargit, mais l'achromatopsie persista et la papille montrait la moitié temporale atrophique. L'œil gauche resta amaurotique. Chez notre malade, après le traitement que nous avons indiqué, la guérison pouvait bien se dire complète.

OBSERVATION V. (*Spécificité congénitale avérée. Forte hypermétropie et astigmie. Stigmates ophtalmoscopiques, surtout à l'O. D., amblyope et strabique*).

Enf. L. L..., 9 ans, (60173) (1). G. H. 9, V. = 0 1 à peine ; D.H. 9, V = 0.02, fixation indirecte, strab. converg. périodique. (Skiascopie : G + 10 + 3 hor.; D + 11 + 2 horiz).

O.G. Secteurs de cadre pigmentaire du côté temporal et supéro-nasal de la papille. Bord papillaire très flou. Petite excavation centrale. Veines très larges, surtout les inférieures. Teinte ardoisée légère de la zone péripapillaire. Pigmentation grenue rudimentaire dans la région équatoriale, bien marquée dans la région périphérique du fond de l'œil.

O. D. (Fig. II, planche I). Segment de cadre rudimentaire, inféro-temporal. Bord de la papille très flou. Petite excavation centrale physiologique. Veines dilatées, surtout les inférieures, dont une présente une interruption assez courte, immédiatement après avoir traversé le bord de la papille. La zone

_____

(1) Ces numéros sont ceux d'inscription du malade dans les registres de la clinique Landolt.

péripapillaire présente dans quelques endroits des légères suffusions. Pigmentation grenue seulement dans quelques segments de la région périphérique (segment nasal et supér.).

OBSERVATION VI. (*Spécificité avérée. Stigmates ophtalmoscopiques rudimentaires, presque exclusivement centraux.*

M. Be... P..., 24 ans (clinique Landolt, 18 nov. 96). Hérédité spécifique avérée. Un enfant mort à l'âge de 5 mois, cachectique; un autre à 14 jours d'une méningite (convulsions). Dents de Hutchinson. Depuis 8 jours, apparition d'une petite tumeur sous l'arcade sourcillière gauche, ayant tous les caractères d'une petite gomme sous-cutanée. G.H. 1, V = 1 ; D.H. 1, V = 1.

G. et D. secteurs de cadre pigmentaire péripapillaire, stigmates rudimentaires vasculaires de la région centrale, rien de bien caractérisé dans la zone équatoriale et périphérique.

(Sous l'influence du traitement spécifique, la petite tumeur disparut assez rapidement.)

OBSERVATION VII. (*Spécificité congénitale douteuse, au point de vue de l'anamnèse et des stigmates personnels autres que ceux du fond de l'œil).*

Enf. Ch... M..., 12 ans (58596). G. M. 5, V = 0,9 ; D. M. 4, V = 0,5.

O. G. Cadre pigmentaire péripapillaire en secteur nasal (plus étendu) et temporal (très limité). Stigmates rudimentaires vasculaires et de la zone péripapillaire. Pigmentation grenue de la région équatoriale. Région périphérique indemne.

O.D. Cadre pigmentaire péripapillaire presque complet, altérations vasculaires bien caractérisées.

Observation VIII. (*Spécificité congénitale certaine : stigmates ophtalmoscopiques sans d'autres signes personnels*).

Mlle J... G..., 15 ans, adressée à nous par le docteur Guelpa, le 7 février 1896. Se plaint de faiblesse et de troubles visuels pendant le travail, nous constatons de suite une insuffisance de convergence marquée.

G.M.1.5, V = 1 ; D.M.1, V = 0,9 à 1. Son père, mort en octobre 1896 à la suite d'attaques apoplectiformes (syphilis vasculaire du cerveau ?) nous avait consulté en 1895, pour une ophtalmoplégie intrinsèque unilatérale (spécifique). Sa mère a eu 9 enfants, dont le premier et le dernier seulement (c'est notre malade) sont vivants, les autres étant morts avant terme ou en très bas âge. Notre malade, à part un certain degré d'anémie et une constitution chétive, ne présente ni dents d'Hutchinson, ni faiblesse de l'ouïe, ni aucun autre signe de la tare congénitale.

Examen ophtalmoscopique :

O. G. (Fig. III, planche II). Petit secteur de cadre pigmentaire au bord de la papille du côté nasal, petit dépôt de pigment du côté temporal.

Dépigmentation complète, diffuse, de l'épithélium rétinien et atrophie légère de la choroïde, à forme diffuse, dans la région péripapillaire et dans la région antérieure du fond de l'œil. Ces altérations, qui donnent à la zone péripapillaire et à la zone périphérique l'aspect du fond de l'œil des lapins albinos (notre malade a les cheveux châtain) est beaucoup moins marquée dans la zone équatoriale, dont certains segments présentent, au contraire, une pigmentation grenue plus ou moins légère.

O. D. Stigmates analogues, quant à la forme diffuse choriorétinienne. Stigmates centraux plus manifestes qu'à gauche : secteur de cadre pigmentaire au bord nasal de la papille, secteur périphérique temporal de la papille manifestement blanc (atrophique), le reste du disque optique a une teinte grisâtre, le bord en est flou, les altérations vasculaires rudimentaires sont bien reconnaissables sur les vaisseaux supérieurs, dans leur parcours péripapillaire.

Observations IX, X et XI (*Stigmates ophtalmoscopiques chez la mère et deux enfants; spécificité acquise assurée, chez la mère, d'après les données anamnestiques*).

(IX) M⁶ Vi..., H..., 34 ans, (60032).

G. H. 0,5 V = 1; D. V = 0,1 à peine. Nystagmus rotatoire à oscillations lentes. Rétrécissement considérable du champ visuel de l'O. D., la malade disant voir, lorsque l'O. G. est couvert, *comme à travers un tube* (au périmètre, 20° envir. de tous les côtés).

G. et D. Restes de chorio-rétinite diffuse; gros dépôts pigmentaires alternés avec plaques de suffusion rétinienne, dans la région péripapillaire. Lésions presque identiques dans les deux yeux, malgré la différence considérable des lésions fonctionnelles (V. et ch. vis.).

(X) Enf. Vi... L..., 9 ans (58340).

Venu une première fois à la consultation, pour une conjonctivite folliculaire, le 15 oct. 95.

Revient le 13 nov., se plaignant de troubles fonctionnels (photophobie, etc.). C'est alors que l'examen ophtalmoscopique nous donne l'éveil de la tare congénitale, et que nous constatons chez la mère et chez le frère cadet les stigmates spécifiques.

G. et D. V = 0,2 environ. (A la skiasc. As. assez fort; n'est pas revenu, pour l'optométrie complète).

A l'ophtalmoscopie :

O. G. papille grisâtre, secteur nasal de cadre pigmentaire, teinte ardoisée péripapillaire surtout du côté nasal, surpigmentation choroïdienne tachetée, plus ou moins marquée dans les différents segments de la région équatoriale et de la région antérieure du fond de l'œil.

O. D. papille grisâtre, secteurs de cadre pigmentaire, nasal et temporal, teinte ardoisée péripapillaire. Tacheté pigmentaire choroïdien, comme à gauche.

(XI) Enf. Vi... C..., 5 ans (5891).

O. G. et O. D. Stigmates tout à fait analogues aux précédents ; seulement, la région péripapillaire de l'O. G. montre des plaques de suffusion rétinienne manifeste.

OBSERVATION XII. (*Syphilis et alcoolisme chez le père, mort fou à l'âge de 45 ans. Dix enfants, dont trois vivants ; des quatre qui précédaient notre malade, les deux premiers sont morts en bas âge, de méningisme (convulsions), et les cinq qui suivaient notre malade sont tous morts à l'âge de quelques mois ou de 3 à 9 ans, de la même affection).*

Enf. Ch... A..., 13 ans 1/2 (58558).
G. H. 1, V = 1 (As:) ; D. V = 0.05 (As., mais verres n'améliorent pas.)
Amblyopie congénitale et strab. converg. périod. de l'O. G., ce qui amène à la consultation. Stigmates ophtalmoscopiques :
O.G. Papille pâle, secteurs de cadre pigmentaire, plus étendu du côté nasal, très limité du côté temporal.
Pigmentation grenue de la zone équatoriale, dépigmentation diffuse de l'épithélium rétinien et du stroma choroïdien dans la région péripapillaire et dans la zone périphérique du fond de l'œil.
O.D. Papille blanc-grisâtre, surtout dans le segment supéro-temporal, dont le bord est flou. Altérations pigmentaires chorio-rétiniennes identiques à celle de l'œil gauche.
(Mlle Ch... E..., (24 ans) (58644) sœur de la précédente, que nous avons invitée à venir à la consultation, nous présente : G. et D. H. 1, V = 1.25. Dans l'O. G. un cadre pigmentaire péripapillaire tout à fait rudimentaire ; dans les deux yeux, pigmentation grenue très manifeste de la région équatoriale).

Observation XIII (*Spécificité congénitale avérée, reconnue après la constatation des stigmates ophtalmoscopiques. Malformations dentaires, etc.*),

Enf. Be... A..., 10 ans (58488).

G. Em. V = O. 1 à 0.2; D. H. 3, V = 0.6 (Après atropine, skiascopie, etc. ordonné : G + 5 ⊃ — 1 hor.; D + 4.5).

G. et D. Stigmates papillaires (surtout la zone périphérique de la papille gauche est décolorée), atrophie choroïdienne diffuse.

Observation XIV et XV (*Spécificité congénitale avérée, chez les deux sœurs. Père et mère sont cousins germains. Cinq enfants, dont le premier, précédant nos deux petites malades, est mort quelques semaines après sa naissance, le quatrième à l'âge de dix mois, le dernier représenté par une fausse couche, soi-disant spontanée, à trois mois*).

(XIV) Enf. Cr... J..., 3 ans et demi (57370). Amenée à la consultation à cause de strabisme divergent et nystagmus (intermittent; oscillations verticales, environ 2 par secondes, qui augmentent d'amplitude et de vitesse pendant l'effort de fixation). L'O. G. peut compter les doigts à 1.50 m., l'O D. à 2. m. A l'óphtalmoscope :

O. G. (Fig. IV, planche II). La zone centrale de la papille est grisâtre, la zone périphérique est blanche, encadrée par un bord de nouveau grisâtre et très flou. Comme stigmates vasculaires, le calibre des artères est un peu réduit, tandis que les veines sont assez larges et tortueuses. Pigmentation grenue très manifeste de la région équatoriale, semis de petits points, dont les plus grands n'arrivent pourtant jamais à la dimension et à la forme des points de la rétinite pigmentaire. Un foyer unique de dépigmentation rétinienne complète constitue, dans le segment supéro-nasal de la région centrale, à un diamètre papillaire de distance du bord de la papille, une plaque assez vaste (quatre fois la papille), qui montre le lacis des vaisseaux choroïdiens et qui est bordée par des secteurs de cadre pigmentaire.

O. D. (Fig. V, planche III). La papille est presque uniformément grisâtre ; seulement deux secteurs périphériques, inféro-temporal et inféro-nasal, et une petite plaque centrale au dessous du tronc commun des vaisseaux supérieurs, sont très pâles. Artères assez minces. Pigmentation grenue de la région équatoriale, passant dans quelques endroits franchement à l'aspect de rétinite pigmentaire. De tout petits points noirs constituent le fond sur lequel ressortent d'autres points plus noirs, plus grands, espacés et irréguliers. Cet aspect commence dans la partie antérieure de la région équatoriale pour se continuer jusqu'à la périphérie du fond de l'œil, où la dégénérescence pigmentaire de la rétine, sur la teinte plombée de la choroïde, est tout à fait caractérisée.

(XV) Enf. Cr... A..., 12 ans (57369). Nystagmus rotatoire, à petites oscillations (environ 3 par seconde), avec une légère déviation conjuguée des yeux, tantôt à droite tantôt à gauche. Blépharospasme clonique. G. V = 0,1 ; D. V = 0,02. Ophtalmoscopie :

O. G. Papille grisâtre encadrée par une zone périphérique d'atrophie blanche, à bord assez net. Vaisseaux tous assez minces. Fond d'œil marbré, à commencer par la région péripapillaire. Très rares, dans la partie antérieure de la région équatoriale, sont les *corpuscules osseux* de la dégénérescence pigmentaire de la rétine, mais le segment supérieur du fond de l'œil, de l'équateur jusqu'à l'ora serrata, montre cette dégénérescence et l'atrophie diffuse du stroma choroïdien d'une façon très évidente.

O. D. (Fig. VI, planche III). Papille presqu'identique à celle de gauche. Les vaisseaux inférieurs disparaissent sur un petit parcours dans le disque optique, entre leur point d'émergence et la zone périphérique de la papille. Traînées de périvasculite, foyer hémorrhagique récent, péripapillaire supéro-temporal. Rétinite pigmentaire rudimentaire, analogue à celle de gauche.

Observation XVI et XVII

(XVI) Enf. Pe...J..., 9 ans (54195). Amenée à la consultation pour une conjonctivite. Dents de Hutchinson. G. et D. V = 0,4, verres n'améliorent pas.

Papilles pâles. Restes de choroïdite séreuse.

(XVII) Enf. Pe... E..., 11 ans (54162). Sœur de la précédente que nous avons fait venir tout exprès. (Quatre enfants, de la même souche, sont morts en très bas-âge).

G. M. 5 V = 1 ; D. Emm. V = 1. Malformations dentaires tout à fait rudimentaires. A l'ophtalmoscopie, papilles un peu pâles, surtout celle de droite, et bordées par un cadre pigmentaire complet, assez noire. Traces de choroïdite diffuse très légère.

Observation XVIII (*Spécificité congénitale avérée, reconnue après la constatation des stygmates ophtalmoscopiques, en rapport avec myopie plus forte d'un côté*).

Mlle Ca:... P..., 20 ans (55973). Consulte pour avoir des lunettes. G., avec — 1, V = 1,25 à 1,50 ; D. avec — 4.5 ⊃ — 1.50 à 80· tempor. V = 0.7 à 0.8 (correction reconnue exacte à la skiascopie). A l'ophtalmoscope :

O. G. Tout à fait normal.

O. D. Papille pâle, à bord flou, entouré de halo pigmentaire assez large, peu foncé, dégradant à la périphérie. Vaisseaux minces. Dépigmentation rétinienne diffuse de la région périphiphérique.

Les données anamnestiques confirment la tare congénitale annoncée par les stigmates rudimentaires de l'O. D. La mère de notre malade a eu 14 grossesses, dont 5 terminées par des fausses-couches.

Voici, du reste, la série : 1re fausse-couche ; 2e fausse-couche ; deux enfants, venus à terme et vivants ; 3e fausse-couche ; encore deux enfants, venus à terme et vivants, dont notre malade est la deuxième ; 4° fausse-couche ; enfant vivant ; enfant mort en très bas âge ; enfant mort à 10 mois ; enfant vivant ; enfant mort à 8 mois ; 5° fausse-couche.

En défaut de toute donnée anamnestique ou personnelle, quant à la spécificité congénitale ou acquise chez la mère de notre malade, on peut mettre la tare congénitale sur le compte d'une hérédité paternelle.

Observation XIX

Enf. Le... E..., 9 ans (53761) Amené pour un strabisme convergent de l'œil gauche. O.G. avec $+2$ V $= 0.2$; O.D. avec $+2$ V $= 0.7$. Après atropine, à la skiascopie G·H. 7 ; D.H. 1.5. Stigmates ophtalmoscopiques rudimentaires, forme centrale, surtout évidente à l'O.G., qui nous donne l'éveil pour établir la tare congénitale.

Observation XX

M. De... R..., 14 ans (53367) G. avec -- 13 V $= 0.3$; D. avec -13 V $= 0.5$ (M. confirmée à la skiascopie). A l'ophtalmoscope pas de staphylome postér., mais stigmates caractéristiques de la région centrale et de la zone périphérique. Syphilis héréditaire confirmée (malformations dentaires, polimortalité de la progéniture, etc.) Après cure d'atropine et traitement spécifique, le 26 juin 96 nous constatons : G avec $-10 \bigcirc -1.5$ à 10° nas. V $= 0.8$ environ. ; D avec -8 V $= 0.9$.

Observation XXI

Enfant Mu... M..., 12 ans 1/2 (52.665). C'est le premier enfant d'une mère qui a eu, ensuite, une fausse couche et deux autres enfants. Le premier, étant *très chétif*, est mort à l'âge de 3 mois, et le second à 27 mois, d'une affection des organes respiratoires. Chez la petite Marthe, l'O. G. peut compter les doigts à 3,5 m. et l'O. D avec -2 possède V $= 0.6$. A l'ophtalmoscope, restes de choroïdite diffuse, légère mais pourtant certaine, surtout à gauche et dans la zone phériphérique du fond de l'œil.

Observation XXII et XXIII

(XXII) Mlle Zi... G..., 18 ans (58485). Consulte pour avoir des lunettes. O. G. avec — 1 V = 1 ; O. D. avec + 1.75 ◯ — 3 hor. V = 0,5 (correction confirmée par la skiascopie). A l'ophtalmoscope : G. et D. dépigmentation diffuse du fond de l'œil, avec aspect grenu de quelques segments de la région équatoriale et périphérique. A l'O. D., surtout, teinte ardoisée péripapillaire, papille blanc sale ; dans le segment inféro-nasal de la région équatoriale du même œil plaques bien caractérisées d'atrophie rétino-pigmentaire choroïdienne.

(XXIII) Enf. Zi... P..., 12 ans (58521). Frère de la précédente, que nous avons fait venir exprès, car toute donnée d'anamnèse, ou d'autres stigmates personnels de spécificité congénitale, chez elle, faisaient défaut ; G. et D. avec — 0,5 V = 1 ; teinte ardoisée péripapillaire, dépigmentation parsemée de l'épithélium rétinien vers la périphérie. O. G. papille pâle, vaisseaux minces, bords partiellement flous. O. D. cadre pigmentaire au bord de la papille, secteur inféro-nasal, bords adjacents très flous.

Observation XXIV

Enf. De... C..., 13 ans (56979). O. G. avec + 0,5 ◯ + 2.75 vert. V = 0,5 à 0,6 ; O. D. compte les doigts à 20 centimètres (léger strabisme divergent). Père mort de paralysie générale, mère actuellement atteinte de la même maladie ; a eu un enfant mort-né et une fausse-couche. Notre petite malade présente les dents de Hutchinson, les papilles décolorées, les traces de choriorétinite péripapillaire rudimentaire.

Observation XXV

Mlle Ca... D..., 22 ans (57841). Consulte le 10 août 96, pour une cataracte corticale molle de l'O. G., qui serait complète depuis dix mois. Cet œil reconnaît les mouvements de la main à 1 m., sa tension et sa réaction pupillaire sont normales. Son iris présente une décoloration congénitale, étant d'un bleu très pâle et légèrement verdâtre, tandis que l'iris de l'œil droit est bleu foncé (*œil varon*). L'O. D. avec + 1 possède V = 0,4 (cylindres n'améliorent pas) et l'ophtalmoscope montre dans cet œil des stigmates rudimentaires de la région centrale, dont l'origine hérédo-spécifique est confirmée par les données anamnestiques et personnelles (malformations dentaires, pléïades, ganglionnaires cervicales, etc.). Le 12 août 96 l'O. G. est opéré de sa cataracte et le 21 octobre, après une discission, il présente V = 0,6 grâce à une correction de + 13 $\bigcirc$ — 3 à 45° temp. A l'ophtalmoscope, alors, cet œil nous montre une papille à bords flous et déchiquetés, des altérations vasculaires rudimentaires dans la zone péripapillaire, des plaques de dépigmentation rétinienne et choroïdienne dans la région de l'équateur et de l'ora serrata. Cela confirmait le diagnostic que nous aurions voulu poser dès le premier examen de cet œil, de cataracte corticale molle *secondaire à une chorio-rétinite hérédospécifique.*

OBSERVATIONS XXVI, XXVII et XXVIII

Enf. He... M..., (3 ans 1[2), (58350). Amenée à la consultation à cause de l'O. G., qui présente à la skiascopie une myopie de 13 D., mais qui ne voit que les doigts à 2 mètres, sans aucune amélioration par les verres. A l'ophtalmoscopie, cet œil présente la papille pâle, avec un large segment de cadre pigmentaire de chaque côté et une atrophie choroïdienne diffuse assez avancée. O. D. Emm. V = 1. à 1.25; présente cadre pigmentaire péri-papillaire, limité d'un seul côté de la papille, et atrophie choroïdienne diffuse tout à fait rudimentaire.

De deux frères de la petite Marthe, que nous avons fait venir exprès, après avoir confirmé par les données anamnestiques maternelles la spécifité congénitale, le petit Victor présente des stigmates péri-papillaires tout à fait rudimentaires, avec V d'ailleurs parfaite, et le petit Georges présente le fond des yeux absolument normal.

Observation XXIX

Enf. Pr... E..., (13 ans 1[2) (57904). Né entre deux fausses couches soi-disant spontanées, trois frères sont morts en bas âge. A l'oreille dure, pas d'autres stigmates personnels. O. G, M 4, V = 0. 5 à 0. 6 ; O D M. 5, V = 0, 4 à 0 5. Des deux côtés, forme de rétinite pigmentaire tout à fait rudimentaire (aspect grenu de la région équatoriale, etc.), papilles pâles, vaisseaux minces. Amené à la consultation à cause de l'héméralopie, dont l'enfant se plaignait.

Observation XXX

Enf. La... A..., 14 ans (57902) consulte pour un strabisme divergent de l'O. G, s'étant déclaré il y a 10 mois. O. G. avec — 8 ◯ 2 hor, V = 0,5 ; O. D. avec + 0,5 V = 1. La mère a eu d'abord trois enfants, qui sont assez bien portants ; ensuite un enfant qui est mort au bout de 8 jours ; après, notre petite malade et en dernier lieu un accouchement avant terme, qui a causé la mort de l'enfant et de sa mère. La petite Augustine présente la forme centrale de l'hérédo-spécificité rudimentaire du fond de l'œil, *les stigmates étant plus prononcés à gauche, ou la myopie monoculaire est assez forte, avec strabisme divergent.*

Observation XXXI

Mlle Le... M..., 16 ans, (57950). Consulte le 21 août 1896, à cause de conjonctivite, kératite superficielle et iritis. Fille aînée, pas de fausses couches antérieures ; éruption bulleuse de la mère pendant la grossesse.

Ces renseignements sont pris après l'examen du fond de l'œil, qui laisse voir la teinte ardoise péripapillaire et d'autres stigmates rudimentaires, quoique non doûteux, de la spécificité congénitale. A partir de ce moment, traitement spécifique; amélioration rapide de la kératite de l'O. G., qui était devenue profonde, et guérison d'un abcès froid que la malade portait sur la paroi antérieure de l'aisselle.

OBSERVATION XXXII

Enf. Re... M..., 12 ans, (58177). Amenée à la consultation à cause d'un strabisme convergent périodique de l'O. G. O.G. V. = 0,01 (verres n'améliorent pas). — Pas de données anamnestiques positives. Un certain abaissement de la vue aurait débuté il y a 3 ans. — *Forme rudimentaire de rétinite pigmentaire*. O. G, papille blanc-sale, entourée de teinte ardoisée avec aspect de suffusion rétinienne : un vaisseaux rétinien apparaît et disparaît à plusieurs reprises, dans son parcours immédiatement au-delà du bord papillaire. Pigmentation grenue et quelques *corpuscules osseux* dans la zone équatoriale, dépigmentation diffuse de la région piriphérique. A l'O.D. les altérations équatoriales sont encore plus rudimentaires.

OBSERVATION XXXIII

Enf. Rev....., Amélie (8 ans). Nous est adressée, le 24 juin 1897, par le docteur Guelpa, à cause du strabisme.

C'est l'O. G. qui louche, depuis l'âge de 2 ans, à la suite de convulsions. — Sous l'influence de l'atropine, ophtalmométrie et skiascopie, voici la meilleure correction subjective que l'on peut obtenir : G avec + 4 ⊃ + 3,5 vert., V = 0,1 ; D + 4 ⊃ + 3 vert., V = 0,5 à 0,6. A l'ophtalmoscope :

O. G. Papille légèrement grisàtre, secteur de cadre pigmen-

taire très marqué du côté temporal, anneau chloroïdien d'apparence physiologique du côté nasal. Pas de stigmates vasculaires. Région péripapillaire marbrée. Atrophie pigmentaire
diffuse de l'épithélium rétinien, surtout dans la région antérieure
du fond de l'œil.

O. D. Papille rosée, cadre pigmentaire en petits secteurs très
minces, veines papillaires remarquablement volumineuses,
surtout l'inférieure-nasale, qui est aussi assez tortueuse. Région péripapillaire marbrée, plus foncée tout autour de la papille. Atrophie pigmentaire diffuse de l'épithélium rétinien,
moins avancée qu'à gauche.

Après constatation de ces stigmates rudimentaires, en rapport
avec l'acuité défectueuse et la déviation de l'O. G., nous apprenons que la mère de notré petite malade a eu trois grossesses,
dont la première terminée par une fausse couche spontanée.
Le second enfant est mort à l'âge de 6 mois, étant en nourrice.
La petite Amélie, une blondinette un peu chétive, est du reste
assez bien portante ; pas de pléiades ganglionnaire au cou,
pas de glande épitrochléenne, etc. Les seuls stigmates que l'on
pourrait mettre à côté des ophtalmoscopiques seraient des
malformations dentaires, car les deux premières molaires inférieures sont affectées de carie, les incisives inférieures présentent un bord crénelé très évident, les incisives supérieures
sont tout à fait rudimentaires.

Observation XXXIV.

M. Pi..., H..., (15 ans) (53,924). — Consulte à cause de la
myopie de son œil droit. — G. $V = 0.01$; D. M. 16, $V = 0,3$
environ. — A l'O.G. la papille est atrophique, pas d'autres stigmates. A l'O.D. petit staphylome postérieur, cadre pigmentaire
péripapillaire, dépigmentation diffuse de l'épithélium rétinien,
atrophie choroïdienne disséminée dans la région antérieure du
fond de l'œil. (Spécificité congénitale avérée, d'après l'anamnè-
sie, les pléiades glandulaires, les malformations dentaires).

Observation XXXV

M . In.... Fl... (39 ans) (57761). Consulte à cause de myodé
sopsie et pour un choix de lunettes. — G avec + 2 ◯ + 1 à 45
nas. V = 1 (contrôlé à la skiasc.). — G. et D. stigmates ophtál-
moscopiques rudimentaires (cadre de pigment autour de la papille, altérations vasculaires, etc.), *surtout évidents dans l'O
D., où le vitré montre à son tour, pendant l'éclairage au miroir plan, de touts petits corps flottants, assez rares et très
mobiles.* (Tare congénitale avérée.)

Observation XXXVI

Mme. B... (55 ans) (58432), consulte à cause d'une certaine
amblyopie de l'O.G., dont elle se serait aperçu par hasard,
ces derniers temps.

G. avec cyl. + 0.5 à 45° nas. V = 06 ; D. avec cyl. + 0.5.
hor. V=0.9. (correct. exacte à la skiasc). A l'ophtalmosope :

O.G. Papille légèrement grisâtre, pigmentation grenue de
la région équatoriale.

O.D. Papille à coloration gris-rosée, petit segment inféro-
temporal de cadre pigmentaire, suffusion rétinienne partielle, parapapillaire, pigmentation grenue de la région équatoriale, allant jusqu'à une forme rudimentaire de rétinite
pigmentaire.

(Il n'existe pas d'autres stigmates personnels et les données
anamnestiques sont douteuses, pour un diagnostic différentiel
entre la syphilis acquise et la spécificité congénitale. Les
stigmates ophtalmoscopiques déposeraient plutôt pour cette
dernière tare. Toujours est-il, que notre malade a eu 18 gios-
sesses, dont 14 se sont terminées par des fausses couches ;
jamais deux couches normales consécutives.)

Observation XXXVII

Enf. Ga... (6 ans 1/2) (58465).

(Tare congénitale certaine, reconnue en complétant l'observation après l'examen ophtalmoscopique, car l'enfant était amené à la consultation simplement à cause de l'amblyopie de l'O.D et du strabisme. La mère a eu 6 grossesses. Son premier enfant est mort en très bas âge, de méningisme (convulsions); suivent deux fausses couches, vers les quatre mois, la femme souffrant de phlébite ; puis un enfant né à 7 mois et mort à 21 mois de méningisme, comme le premier ; ensuite notre petit malade, venu à terme, et enfin un dernier enfant, qui est assez bien portant).

G. avec $+0.5$ V $= 0.6$; D V $= 0.01$, aucun verre n'améliore, léger strab. divergent et cataracte polaire postérieure, congénitale. A l'ophtalmoscope :

O.G. Papille fortement rosée, veines assez larges, un peu tortueuses, bord papillaire flou, taches de chorio-rétinite péripapillaire tout à fait rudimentaires, pigmentation grenue de la région équatoriale et dépigmentation rétinienne de la région périphérique. O.D. altérations analogues, mais encore mieux prononcés.

A part les stigmates oculaires, quelques malformations dentaires douteuses (incisives inférieures crénelées) et une légère adhénopathie latéro-cervicale, l'enfant ne présente pas d'autres signes personnels de la spécificité héréditaire.

Observation XXXVIII

Mme M... Marie (43 ans) (58616), consulte à cause de l'amblyopie de l'O.D., dont elle s'est aperçu par hasard, ces derniers temps. G. avec —, V $= 0,7$ environ ; D.V $= 0.04$, verres n'améliorent pas. A l'ophtalmoscope, la papille est un peu pâle des deux côtés, mais dans l'O.D. les stigmates chorio-rétiniens de la région péripapillaire sont évidents. Données ananestiques positives, de tare congénitale.

Observation XXXIX

Mlle. J. L.., (18 ans) (58654), consulte pour un choix de verres. — O. G., avec cyl. + 3 vertic. V = 0.5 environ ; O. D., avec — 2 hor. V = 0.3 environ (correction exacte à la skiascopie). A l'ophtalmoscope, stigmates évidents surtout dans l'O.D. : teinte ardoisée foncée de la région péripapillaire, interruption de quelques vaisseaux par des petites plaques de suffusion rétinienne péripapillaire, pigmentation grenue de la région équatoriale, aspect marbré de la périphérie par dépigmentation de l'épithélium rétinien et surpigmentation tachetée du stroma choroïdien.

Données anamnestiques douteuses. Pas d'autres stigmates personnels, excepté des pléïades ganglionnaires derrière les cleido-mastoïdiens.

Observation XL à XLIV (Famille Boe...)

(XL). Mlle Boe... I..., (21 ans) (57945). C'est une jeune et plantureuse paysanne, qui est bonne à Paris, et envoyée par sa maîtresse, consulter pour un strabisme converg. de l'O. D., datant de l'enfance. Après ophtalmométrie, skiascopie et examen subjectif répété : G. avec + 1 $\bigcirc$ + 0.75 à 45° nas. V = 0.5 ; D. avec + 2 $\bigcirc$ + 1.5 à 45° nas. V = 0.02 à 0.03. La jeune fille est opérée du strabisme.

Quelque temps après, mis en éveil par la fréquence du strabisme chez les hérédo-spécifiques, nous recherchons, presque pour acquit de conscience, les stigmates du fond de l'œil chez la jeune fille, qui a du reste une santé parfaite et aucun signe manifeste de tare congénital. L'examen ophtalmoscopique nous montre dans les deux yeux une papille à bords flous irréguliers, entourée par une zone assez large de teinte ardoisée et, surtout dans l'O. D., des stigmates pigmentaires rudimentaires de chorio-rétinite diffuse ! Nous apprenons, alors, que la mère de notre malade a eu 7 grossesses

dont six arrivées à terme ; mais, après la naissance de notre
I..., et de deux autres enfants, qui sont aussi vivants, il y a
eu une fausse-couche et ensuite un enfant mort à 13 mois, à
cause *d'abcès et de bulles généralisées*. Nous invitons Mlle I...
à nous amener ses trois sœurs et son frère, qu'elle nous dit
avoir avec elle, à Paris, et voilà comment nous pouvons compléter
la série de ces observations, qui nous semblent des plus
démonstratives.

(XLI) Mlle Bo.., I.... (19 ans) (58705). G. V = 0.3 ; D. V =
0.5 (Aucun verre n'améliore la V. : à la skiascopie, H. légère,
pas d'As.). Dents de Hutchinson caractérisées. A l'ophtalmoscope :

O. G. Papille un peu pâle, veines très larges, zone péripapillaire
présentant une teinte ardoisée très foncée, sur une vaste
étendue. Vers la région équatoriale, cette teinte ardoisée se
transforme graduellement dans une pigmentation à flammèches
noir-rougeâtres. Vers la région périphérique les stigmates pigmentaires
disparaissent presque complètement.

O. D. Stigmates tout à fait analogues à ceux de gauche. La
papille paraît plus petite, à cause de l'intensité de la teinte
ardoise qui l'entoure immédiatement : ses vaisseaux sont
relativement rares, les artères très minces par rapport au
calibre considérable des veines.

(XLII) Mlle Bo... P... (15 ans) (58706). G. V = 0.3 ; D. V =
0.6 (A la skiascopie, As. h. léger). A l'ophtalmoscope :

O. G Papille légèrement grisâtre, altérations vasculaires
manifestes (traînées de périvasculite, interruption d'un vaisseaux
supéro-temporal à peu de distance du bord de la papille,
etc.) Secteurs de cadre pigmentaire péripapillaire ; teinte
ardoisée de la région centrale ; stigmates pigmentaires de la
région équatoriale analogues à l'observation précédente, quoique
moins marquées.

O. D. Stigmates analogues à ceux de l'œil gauche ; les traînées
de périvasculite sont évidentes à quelque distance du bord
de la papille.

(XLIII). Enfant Bo.. P..., (15 ans) (58640). G. V = 0.2; D. V = 0.3 (en fermant un œil, l'autre fixe très difficilement). Cet enfant est venu immédiatement après la fausse-couche etaprès l'enfant mort à l'âge de 13 mois, présentant les manifestations cutanées. Il ne montre pas d'autres stigmates personnels, à part ceux du fond de l'œil (altérations papillaires, péripallaires et équatoriales), qui cessent presque d'être rudimentaires.

(XLIV). Enf. Bo. , A..., (5 ans) (58699). A l'ophtalmoscope :

O. G. Segment périphérique inférieur de la papille manifestement atrophique (blanc), secteurs de cadre pigmentaire péripapillaire, teinte ardoisée foncée de la région centrale, pigmentation grenue de la région équatoriale.

O. D. Moitié temporale de la papille blanc-grisâtre ; cadre de pigment très mince, autour de la papille ; pigmentation grenue de la région équatoriale. Région périphérique du fond de l'œil indemne, comme à gauche.

OBSERVATION XLV

M. J... L... (46 ans) (58717). Consulte pour avoir des verres de travail. G. H. 3, V = 1 ; D. H. 2,5, V = 0.8 (confirmé à la skisac.). — A l'ophtalmoscope, en cherchant la cause de l'acuité défectueuse de l'O. D., on reconnaît des *stigmates papillaires et péripapillaires*, aux deux yeux. — Papilles tachetées, blanc-grisâtres, leurs bords sont plus ou moins flous, les vaisseaux par ci par là interrompus, quelques artères filiformes. *Forme centrales d'affection rudimentaire,* car la région équatoriale ne montre aucun stigmate et la région périphérique montre seulement dans l'O. D. une légère pigmentation grenue. (Données anamnestiques douteuses. A eu six grossesses, trois enfants qui sont assez bien portants, puis trois fausses-couches, dans les premiers mois, sans cause plausible),

── 166 ──

Observation XLVI

Mlle B..., M. . (15 ans) (58728). Vient à la consultation pour une kératite parenchymateuse grave de l'O. D., débutée il y a 8 jours. — G. V = 0,9 (verres n'améliorent pas); D. V = 0.03. — Ophtalmoscopie de l'O. D. impossible. Au fond de l'O. G. stigmates rudimentaires; papille à coloration normale, entourée d'anneau choroïdien d'aspect physiologique; région péripapillaire marbrée par la teinte ardoisée et la suffusion rétinienne; région équatoriale et périphérique encore plus manifestement marbrées, par la dépigmentation diffuse de l'épithélium rétinien et la surpigmentation irrégulière du stroma-choroïdien. Vers l'ora serrata, quelques plaques d'atrophie choroïdienne légère. (Anamnèse positive. Pas de malformations dentaires, pas d'autres stigmates personnels bien caractérisés. La mère a eu 10 grossesses, le premier enfant est mort à l'âge de 2 ans, de variole, le second est vivant et sain; ensuite, cinq enfants, tous morts entre 18 mois et 2 ans, on ne sait pas au juste de quoi; après cette série malheureuse vient notre malade, suivie par une petite fille, morte à 18 mois, et par un dernier petit garçon, mort à 4 mois).

Observation XLVII

Enf. D..., (12 ans 1|2) (58425). Est amené à la consultation à cause de conjonctivite, accompagnée de forte photophobie. G avec — 4 V = 0.4 à peine; D avec — 2 V = 0.6 (cylindres n'améliorent pas, malgré la correction skiascopique exacte d'un léger as.). Le défaut de la V. et le fait qu'une sœur aînée de notre jeune malade a consulté en 1892 à cause d'ambliopie congénitale de l'O.G. (l'examen ophtalmoscopique ne fut pas pratiqué par nous), nous engagent à l'examen ophtalmoscopique. Nous constatons, alors, les stigmates de l'œil, à défaut de tout autre signe personnel de tare congénitale et malgré des données anamnestiques très douteuses.

O. G. Papille pâle, cadre pigmentaire au bord, assez mince mais presque complet ; dépigmentation diffuse de l'épithélium rétinien dans la région péripapillaire ; pas de stigmates dans la région équatoriale ; segment temporal de la région périphérique marbré par la dépigmentation de l'épithélium rétinien et la surpigmentation irrégulière du stroma choroïdien.

O. D. Stigmates tout à fait rudimentaires, analogues à ceux de gauche.

OBSERVATION XLVIII

Enf. C... G..., (12 ans) (59081). — Amené à la consultation à cause de l'amblyopie congénitale de l'œil droit. — G. V = 0.6 environ ; D. V = 0.01 (verres n'améliorent pas). Tare congénitale avérée, malformations dentaires. A l'ophtalmoscope :

O. G. Papille à bord flou, avec des petits secteurs de cadre pigmentaire. Légère dépigmentation rétinienne et choroïdienne vers l'ora serrata.

O. D. Stigmates plus manifestes. Papille grisâtre, vaisseaux très tortueux, large secteur de cadre pigmentaire du côté temporal, teinte ardoisée dans la région centrale, tacheté pigmentaire dans la région équatoriale.

OBSERVATION XLIX

Mlle B... A... (15 ans 1/2) (58778). Consulte pour une kératite interstitielle (vascularisation d'un croissant périphérique temporal de la cornée et infiltration étendue jusqu'à la zone paracentrale de la membrane) de l'O. G. — L'O. D., malgré V = 1 (avec verre — 1.25), présente des *stigmates rudimentaires* tels que : — Papille légèrement difforme, ovalaire, à bords flous ou déchiquetés ; un vaisseau inférieur interrompu et accompagné de petites traînées blanchâtres ; teinte ardoisée de la zone péripapillaire, pigmentation marbrée irrégulière dans toute l'étendue du fond de l'œil. (Données anamnestiques douteuses ; pas d'autres stigmates personnels. La mère a eu deux grossesses seulement. Elle nous amène l'unique frère de notre malade, B... M.., (17 ans) (59499), qui présente, lui aussi, des stigmates ophtalmoscopiques. G. et D., secteurs de cadre pigmentaire péripapillaire, bords de la papille par ci par là un peu flous. Pigmentation marbrée de la région équatoriale, et surtout de la périphérie du fond de l'œil).

OBSERVATION L

Enf. Ko.., A...(12 ans). (58554). Consulte se plaignant de vue faible. G. avec $+ 2.5 \smile - 3$ hor. V $= 0.6$ environ ; D avec $+ 1 \smile - 3$ à 70° nas. V $= 0,5$ environ (correction obtenue après ophtalmométrie et examen subjectif, et reconnue exacte à la skiascopie). Malgré l'insuffisance des données anamnestiques et le manque d'autres stigmates personnels, le défaut de vision

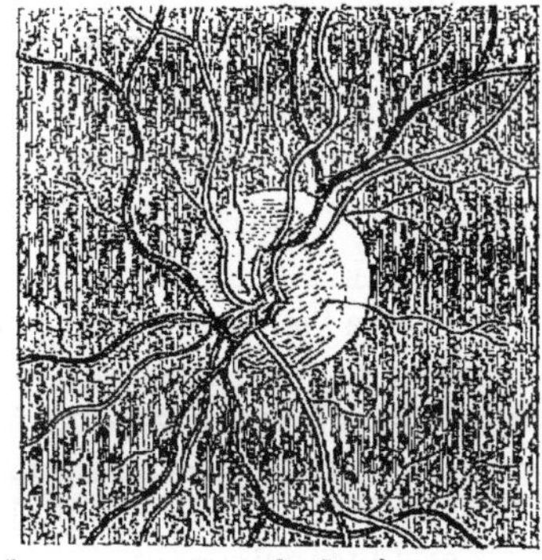

O. D.   Fig. 3   O. G.

(Observ. L ; image droite).

nous semble en rapport avec les altérations ophtalmoscopiques rudimentaires suivantes :

O. G. Segment périphérique supéro-temporal de la papille

tout à fait blanc (atrophie); le restant du disque optique est grisâtre, ou blanc sale, et le bord inférieur très flou. Altérations vasculaires rudimentaires. Pigmentation grenue de la région équatoriale, légère atrophie diffuse de l'épithélium rétinien dans toute la région périphérique du fond de l'œil.

O. D. Anneau périphérique, assez large, du disque optique, tout à fait blanc (atrophie). Secteur supéro-temporal de cadre pigmentaire. Les autres stigmates très analogues à ceux de l'O. G.

Observation LI

Mlle Se... M... (13 ans) (59359). Consulte à cause de strabisme convergent. G. avec $+ 1 \bigcirc + 1,5$ à 45° nasal V $= 0,6$; D avec $+ 1 \bigcirc + 2$ vert. V $= 0,6$ (correct. exacte à la skiascopie).

Hérédité spécifique avérée (de 8 enfants, 2 sont morts en très bas âge ; malformations dentaires ; pas d'autres signes personnels). Stigmates ophtalmoscopiques aux deux yeux, tels que secteurs de cadre pigmentaire péripapillaire, teinte ardoisée de la zone centrale, marbrure et pigmentation grenue de la zone équatoriale.

Observation LII

M. F... G... (33 ans) (59377). Consulte à cause de la mauvaise vue de l'œil droit, dont il s'est aperçu ces derniers temps, par hasard. — G avec cyl. $+ 0,5$ vert. V $= 1$: D avec $+ 3 \bigcirc + 0,75$ à 45° temp. V $= 0,4$ (correction exacte à la skiascopie). — Fils unique ; pas de données anamnestiques ni de signes personnels de tare congénitale, à part les stigmates ophtalmoscopiques suivants :

O. G. La papille présente une excavation centrale physiologique (?), du bord temporal de laquelle sortent les troncs vasculaires, presque refoulés vers le bord de l'excavation, qui est assez profonde et vaste. Du côté nasal, cette excavation est entourée par une zone papillaire en croissant, à coloration grisâtre, et enfin la zone tout à fait périphérique du disque optique est de nouveau blanche comme l'excavation centrale. Secteur supéro-temporal de cadre pigmentaire péripapillaire. Dépigmentation légère de la région périphérique du fond de l'œil.

O. D. Excavation centrale, vaste et profonde, de la papille. Teinte ardoisée de la région centrale. Pigmentation grenue de la région équatoriale. Dépigmentation rétinienne et pigmentation marbrée de la choroïde dans la région périphérique, beaucoup plus marquées qu'à l'œil gauche.

Observation LIII à LVI

(LIII) Enf. Ve..., H.., (11 ans) (59383). Est amené à la consultation à cause de sa mauvaise vue. Après ophtalmométrie et examen subjectif : G avec cyl. + 2.5 à 15° temp. V = 0.3 à 0.4 ; D. avec cyl. + 3 à 10° temp. V = 0,5 environ (à la skiascopie l'as. est bien corrigé ; reste une légère hypermétropie).

La mère, qui accompagne l'enfant, ne fournit pas des données anamnestiques assez probantes. Le petit H..., à part une tête un peu volumineuse et des malformations dentaires mal caractérisées, ne présente pas de stigmates personnels. Il se porte assez bien, malgré sa constitution débile, mais voilà ses stigmates ophtalmoscopiques :

O. G. Le centre du disque optique a une coloration rosée normale, la périphérie une teinte de plus en plus pâle, jusqu'à un anneau tout à fait blanc, le long du bord de la papille. Du côté nasal, ce bord est limité par une zone de teinte ardoisée, du côté nasal il est flou et déchiqueté. La plus grande partie de la région centrale présente une dépigmentation choroïdienne marbrée de plus en plus accentuée, sous forme de gros îlots noirâtres, vers l'ora serrata.

O. D. La papille montre des zones de coloration de plus en plus pâle, encore mieux marquée que dans l'œil gauche. De même les altérations pigmentaires diffuses sont analogues à celles de l'œil gauche, bien que plus prononcées.

Nous invitons la mère à nous amener ses autres enfants, et

voici les stigmates que nous constatons chez le frère et chez
deux sœurs de notre petit H .. :

(LIV) Enf. Ve... M... (17 ans 1\[2) (59521). G. et D. avec + 0.5
V = 1 (malformations dentaires, tels que sillons et bords cré-
nelés des incisives supérieures, infantilisme des canines). Aux
deux yeux, teinte ardoisée très foncée de la région centrale, pig-
mentation choroïdienne marbrée dans toute l'extension du
fond de l'œil avec de gros îlots très noirs vers l'ora serrata.

(LV). Enf. Ve... G..., (15 ans 1\[2) (59522). G. et D. avec + 0.5
V = 1. Dans les deux yeux, secteurs de cadre pigmentaire péri-
papillaire, papille grisâtre, gros îlots de pigment très noirs
dans les interstices du lacis vasculaire choroïdien de la région
centrale. Le même aspect, presque de choroïdite disséminé,
se voit dans toute la région équatoriale, tandis que certains
segments de la région périphérique montrent plutôt une pig-
mentation grenue très marquée.

(LVI) Enf. Ve... S..., (13 ans) (59524). G. et D. Emm. V = 1.
Aux deux yeux, secteurs de cadre pigmentaire péripapillaire,
teinte ardoisée légère de la région centrale, pigmentation
grenue très marquée de la région équatoriale, qui se trans-
forme presque brusquement en pigmentation marbrée de la
région périphérique. Dans quelques segments de cette der-
nière région, l'atrophie diffuse du pigment rétinien est accom-
pagnée par l'atrophie du pigment choroïdien (plaques d'albi-
nisme du fond de l'œil).

OBSERVATIONS LVII à LX

(LVII) L'enf. M... R..., (10 ans 1\[2) est amené à la consulta-
tion (59379) à cause de sa mauvaise vue. En effet, après opthal-
mométrie, l'examen subjectif nous donne : G avec + 3.5 à
45 temp. V = 0.6 environ ; D avec + 3.5 à 30 temp. V = 0.5
environ (correction d'As. exacte à la skiascopie). A l'ophtal-

moscopie, nous constatons le cadre pigmentaire aux deux papilles et une dépigmentation rétinienne et choroïdienne diffuse du fond de l'œil, surtout dans la région centrale. Etant pressés, à la fin de la consultation, nous marquons cette observ. simplement comme suspecte, mais, quelques jours plus tard, voici les données anamnestiques que nous obtenons.

(LVIII) Mme M... H... (40 ans), mère du petit R... nous demande des verres de travail. Nous constatons chez elle (59399), G avec $+ 3.5$ V $= 02$; D. Emm. V $= 0.9$ (contrôlé à la skiascopie). A l'ophtalmoscope, à l'O. G. surtout, la papille est très pâle, presque blanche, surtout par rapport à la teinte ardoise foncée de la région centrale du fond de l'œil ; dans le segment temporal de cette région il y a des foyers de pigmentation marbrée ; la région équatoriale ne présente pas de stigmates pigmentaires, mais ceux-ci reparaissent dans la région périphérique, sous forme de marbrure à taches noir-rougeâtres. L'O. D. présente essentiellement les mêmes stigmates, bien que moins marqués. — Cette malade, qui n'a pas eu de syphilis acquise, et qui ne présente pas d'autres signes personnels d'hérédité spécifique, a eu 4 grossesses. Son avant-dernier enfant est mort-né. Elle-même est le dernier enfant d'une mère qui a eu d'abord un fils, aujourd'hui vivant, ensuite un enfant mort en très bas-âge, ensuite plusieurs fausses couches, et enfin la malade en question.

Nous la prions de nous montrer ses deux autres enfants et voici ce que nous constatons :

(LIX) M. Ch.., (13 ans 1/2) (59429) G. avec cyl. — 0.25 hor. V $=. 09$; D. V $= 1$. Dans l'O. G. l'ophtalmoscope montre des stigmates rudimentaires caractéristiques de la papille et de la zone péripapillaire, et une dépigmentation rétinienne diffuse avec atrophie choroïdienne, de plus en plus marquées en allant de la région équatoriale vers la périphérie du fond de l'œil.

(LX) M. G.., (7 ans) (59430). G. V $= 0.9$ environ ; D. V $= 1$ environ (très léger as, à la skiascopie). A l'ophtalmoscope, essentiellement les mêmes stigmates que dans l'O.G. de l'observation précédente. Le cadre pigmentaire et la teinte ardoisée péripapillaire sont pourtant mieux prononcés, et l'atrophie choroïdienne diffuse s'accompagne d'un moucheté pigmentaire rétinien dans la région équatoriale.

Observations LXI et LXII.

(LXI) Enf. P.. F.., (15 ans) (59409). Consulte à cause de la mauvaise vue de l'O.D., ce dont il s'est aperçu, par hasard, il y a un mois. En effet, cet œil, avec une correction aussi parfaite que possible (— 4 ⌒ — 3 hor.) montre V = 0.2 à peine, tandis que l'O.G., emmétrope, possède V = 1. Stigmates ophtalmoscopiques : O.G. Secteur temporal de cadre pigmentaire péripapillaire, légère dépigmentation diffuse de la région centrale, pigmentation grenue de la région équatoriale et pigmentation choroïdienne marbrée dans quelques segments de la région périphérique,

O.D. Papille très petite ; secteur de cadre pigmentaire inféro-nasal. Le point d'issue des vaisseaux, rapproché du bord nasal de la papille, constitue une espèce de large plaque rougeâtre. Bord supérieur de la papille très flou. Du côté temporal, un staphylome d'aspect particulier, presqu'aussi large que la papille, tacheté de pigment noir sur un fond grisâtre à limites externes très floues, se perdant dans la zone centrale de la choroïde qui est plus ou moins atrophiée. Pigmentation grenue à gros grains, de la région équatoriale ; marbrure très manifeste et foncée de la région périphérique.

(LXII). La mère de ce petit malade, Mme P.. M.., (45 ans ; 57465) présente aussi une amblyopie congénitale monoculaire : G. avec + 1 V = 0,4 a peine (pas d'as.) ; D. Emm. V = 1. L'œil amblyope présente à l'ophtalmoscope une papille légèrement difforme, une teinte ardoisée de la région centrale, une pigmentation marbrée diffuse, mais surtout prononcée vers la périphérie du fond de l'œil. Pas de syphilis acquise,

ni d'autres stigmates de tare congénitale. Elle a eu douze grossesses, y compris une fausse couche spontanée à 4 mois ; trois
de ses enfants sont morts en bas âge, une fille est venue
avant terme et morte deux jours après.

Observation LXIII

Enf. C... Z..., (10 ans) (59410). Amené à la consultation à
cause de strabisme divergent de l'O. G. Après ophtalmométrie
et examen subjectif : G. avec — 7 ⌒ — 5 horiz. V = 0.3 ; D.
avec cyl. + 1.75 à 10° nasal V = 0.7 à 0,8. A l'ophtalmoscope,
dans les deux yeux, stigmates rudimentaires tels que cadre pigmentaire péripapillaire, alterations vasculaires, etc. Ces stigmates sont presque les mêmes des deux côtés, malgré la myopie avancée de l'O. G. Hérédité spécifique avérée. La mère a eu
11 grossesses, y compris deux fausses-couches, soi-disant spontanée ; trois enfants mort en bas âge.

Oservations LXIV et LXV

(Hérédité spécifique avérée. Cataracte secondaire aux *stigmates*. Voir l'observ. XXV, analogue).

(LXIV) M. M... C..., (40 ans) (59417). Consulte à cause de
l'O. D., qui est en strabisme divergent, peut seulement reconnaître les mouvements de la main à distance de 25 cm., et présente une cataracte corticale complète. La réaction pupillaire
et la perception lumineuse dans les différents secteurs du
champ visuel sont bonnes. Cet œil aurait eu toujours V. défectueuse (le malade s'en est aperçu en voulant tirer à la cible,
vers sa vingtième année), mais la teinte blanchâtre du champ
pupillaire, c'est-à-dire le commencement de la cataracte, date de
10 ans. L'O. G., qui possède une V. normale, présente une légère teinte ardoisée péripapillaire et des stigmates pigmentaires (choroïdite ancienne), surtout dans le segment inférieur de
la région périphérique.

(LXV). Mme K... C..., (49 ans) (59476). L'O. G. présente une cataracte assez avancée (surtout polaire postérieure), le trouble de V. était considérable il y a 6 ans déjà. G. V = 0.02 environ (réaction papillaire et projection lumineuse bonnes); D. avec —2 ⌣ —1 à 45° tempor. V = 0.2. — A l'ophtalmoscope, l'O. D. montre une papille très pâle, en voie d'atrophie, avec secteur de cadre pigmentaire du côté nasal et altérations vasculaires rudimentaires. Le segment périphérique nasal de la papille est tout à fait blanc. Mouchetures de pigmentation choroïdienne diffuse, surtout larges et abondantes dans la région centrale du fond de l'œil Notre malade est le seul enfant survivant, de parents ayant eu 7 enfants, dont 6 morts en bas âge. Elle-même, mariée à 39 ans, a eu quatre grossesses, dont deux terminées par des fausses couches. Chez ses deux enfants, que nous l'invitons à nous amener (59673 et 59676), nous constatons aussi des stigmates ophtalmoscopiques évidents, altérations papillaires, vasculaires et pigmentaires, malgré une acuité normale et dans l'absence de tout autre signe de la tare congénitale.

OBSERVATIONS LXVI et LXVII

(Hérédo-spécificité avérée, chez les deux sœurs)

(LXVI) Mlle L.. L.., (20 ans) (59479). Consulte à cause de sa mauvaise vue. G. avec + 0,75 ⌣ + 0.5 vert. V = 0,5 environ ; D. avec cyl. + 1.75 vert. V = 03 environ. A l'ophtalmoscope, dans les deux yeux cadre pigmentaire péripapillaire en secteurs, pigmentation grenue à gros grains dans toute l'étendue de la rétine, pigmentation marbrée de la choroïde dans la région périphérique. Après la constatation de la spécificité héréditaire (malformations dentaires, anamnèse), nous invitons la jeune malade à nous amener son unique sœur, et voici l'observation :

(LXVII) Mlle L.. M.., (30 ans) (59560) G. avec cyl. + 1 à

10º nas. V = 0.4 à peine ; D. avec cyl. — 0,75 à 80º nasal
V = 1 (correction exacte à la skiascopie).

O. G., (fig. 4) papille assez pâle, grisâtre, son bord inféro-
temporal est très flou, son segment périphérique nasal est

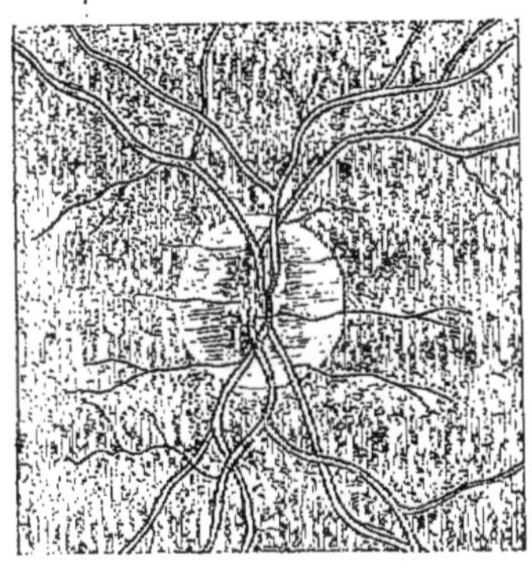 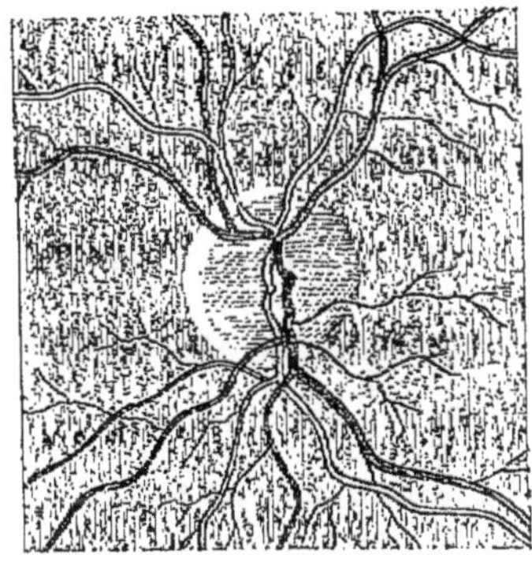

O. D.   Fig. 4   O. G.

(Observ. LXVII ; image droite).

représenté par un croissant tout à fait blanc, limité par des
petits secteurs de cadre pigmentaire. Altérations vasculaires,
surtout la veine inféro-nasale et la supéro-nasale sont larges
et tortueuses. Pigmentation grenue diffuse de la rétine, pigmentation marbrée de la choroïde dans quelques segments
de la région équatoriale et périphérique.

O. D. La papille présente une coloration grisâtre dans la
partie centrale, un anneau blanc assez large à la périphérie.
Pas d'altérations vasculaires, pigmentation grenue et taches
marbrées analogues à celles de l'œil gauche.

Observation LXVIII

Mlle B... Cl..., (15 ans 1|2) (59433). G. avec + 1 V = 0.5 ;
D. emm. V = 1. Consulte pour un commencement de kératite
parenchymateuse à la périphérie temporale de la cornée gauche.

— Spécificité avérée du côté paternel. — Pas d'autres signes personnels. Stigmates ophtalmoscopiques : secteurs de cadre pigmentaire péripapillaire, pigmentation grenue de la périphérie du fond de l'œil. Le tout plus marqué dans l'œil gauche.

Observation LXIX

Enf. L... Ch..., (23 mois) (59438). Issu de cousins germains. Père syphilitique. — Enfant bien portant, bien nourri, mais présentant une tête volumineuse et ne pouvant pas encore essayer de marcher ; il a été précédé par une fausse couche 3 ans auparavant. — Les pupilles étant dilatées par l'atropine, on arrive à constater, malgré le nystagmus, dans les deux yeux une papille blanche avec cadre pigmentaire en secteurs, et une atrophie diffuse du pigment rétinien et choroïdien (albinisme de l'œil), surtout vers la périphérie du fond de l'œil ; quelques segments seulement, de la région équatoriale, présentent une légère pigmentation grenue de la rétine, au-dessous de laquelle le lacis vasculaire de la choroïde apparaît plus rouge sur un fond jaunâtre.

Observation LXX

Mme B... A..., (40 ans) (59387). Consulte pour avoir des verres de travail, et c'est dans le cabinet d'ophtalmoscopie, après examen skiascopique de contrôle, que nous constatons presque par hasard les stigmates du fond de l'œil et que nous confirmons ensuite la tare congénitale. G. avec $+ 1.5 \frown -1$ à 80· nas. V = 1 ; D. avec $+ 2 \bigcirc - 0.5$ à 70· nas. V = 1. Pas de syphilis acquise. Sa mère a eu 8 enfants, dont 2 morts en très bas-âge. Elle-même a eu 8 grossesses dont 7 terminées par des fausses couches. Malformations dentaires et stigmates ophtalmoscopiques.

O. G. Cadre pigmentaire autour de la papille, surtout en

bas, à limite dégradante vers la teinte ardoisée de la région centrale. Moitié temporale de la papille très pâle, presque blanche. Pigmentation mouchetée (chorio-rétinienne) dès le segment postérieur de la région équatoriale, mais de plus en plus marquée, avec des tas de pigment de plus en plus gros, vers la périphérie du fond de l'œil.

O. D. Papille tout à fait semblable à celle de l'O. G., pigmentation chorio-rétinienne analogue, mais moins avancée qu'à gauche.

Observation LXXI

Enf. V... B..., (9 ans) (59397). Consulte à cause de strabisme divergent de l'œil droit, datant de plusieurs années. G avec — 1 V = 0,7 environ ; D avec - 7 V = 0,1 à peine (M. contrôlée à la skiascopie). Asymétrie faciale très prononcée. Malformations dentaires, plutôt sous la forme des *dents rachitiques* de Horner. La mère a eu 9 grossesses, mais 4 enfants seulement ont survécu ; un enfant est mort à l'âge de 4 ans, deux autres en très bas âge, deux autres sont venus mort-nés, précédant immédiatement notre petite B... Celle-ci présente des stigmates ophtalmoscopiques rudimentaires, surtout dans l'œil *droit*, tels que secteurs de cadre pigmentaire péripapillaire, atrophie et hyperplasie du pigment choroïdien sur des zones alternantes dans la région équatoriale et périphérique du fond de l'œil. L'œil droit présente, en outre, un staphylome postérieur supéro-temporal assez étroit et à limite mal tranchée.

Observation LXXII

Mme L... L..., (33 ans) (59442) Consulte à cause de la mauvaise vue de l'O. G., datant de l'enfance. Pas de syphilis acquise, tare congénitale avérée (polimortalité des enfants, malformations dentaires, etc.). G. avec + 0,75 V = 0,4 : D. avec + 1 ◯ + 1,5 hor. V = 0,8. — L'O. G. présente une cataracte polaire postérieure, constituée par une opacité assez légère de la capsule et par une petite étoile corticale ; malgré cela, il est possible de voir assez bien le fond de l'œil, pour y reconnaître des altérations remarquables des vaisseaux papillaires (artères très minces, par ci par là interrompues, irrégularité de calibre des veines, etc.) et une atrophie diffuse assez marquée de la rétine pigmentaire dans la région péripapillaire. — Dans l'O. D., les altérations vasculaires de la papille sont tout à fait rudimentaires et la région péripapillaire présente une teinte ardoisée foncée.

Observation LXXIII

Enf. L..., G..., (10 ans) (59441). Tare congénitale avérée, par l'anamnèse paternelle, etc. La mère a eu 3 grossesses, dont une terminée par fausse couche spontanée, 18 mois après la naissance de notre petite malade. Celle-ci a perdu l'O. D. (énucléation) à la suite d'une affection de la première enfance (?). Consulte pour avoir un verre pour l'O. G., qui présente à l'ophtalmomètre un As. direct de 5 D, et avec une correction — 4 ⌒ 5.5 à 80° nas. (contrôlée à la skiascopie) atteint seulement une V de 0,5 environ..

Voici les *stigmates ophtalmoscopiques* : — Zone périphérique nasale de la papille, en croissant, atrophique (blanche) ; cadre pigmentaire presque complet, surtout du côté nasal ; atrophie diffuse assez prononcée, de la rétine pigmentaire et du pigment choroïdien, surtout dans la région centrale ; vaisseaux à petit calibre, mais pas d'altérations remarquables le long de leur trajet ; pigmentation rétinienne grenue dans quelques segments de la région équatoriale.

Observations LXXIV et LXXV

(LXXIV). Mlle B... Ro..., (14 ans) (59941). Est amenée à la consultation par sa mère, se plaint des symptômes d'asthénopie accommodative et musculaire. G. et D. avec + 0.5 ⌒ + 0.5 à 80° nas. V = 1. Après l'examen skiascopique, nous découvrons

presque par hasard, à l'ophtalmoscope, les *stigmates rudimentaires*, sous une forme diffuse assez bien caractérisée, dans les
deux yeux. A défaut de tout autre signe personnel certain d'hérédo-spécificité, nous avons l'idée d'examiner la mère ; et voici
ce que nous obtenons :

(LXXV). Mme B... Cl... (35 ans) (59943). G. avec $+$ 1. 25
V = 1 ; D. avec $+$ 0.75 V = 0.5 environ (amblyopie congénitale ; léger As. à la skiascopie, mais aucun cyl. n'améliore la
V). Aux deux yeux, *stigmates rudimentaires*, sous une forme
également diffuse, mais un peu mieux caractérisée dans l'O. D.
Elle était fille unique ; a eu 4 enfants, de deux lits différents.
Le père de la petite Ro.... s'est marié trois fois (la dernière avec
notre malade) et a eu 7 enfants, dont deux seulement survi-
vent, six étants morts en bas âge.

La petite Ro... serait restée plusieurs mois sans voir, après
sa naissance, au dire de la mère ; elle a souffert d'écoulement
de l'oreille droite, de l'âge de 8 ans jusqu'à 10. Pléiades de gan-
glions cervicaux postérieurs, des deux côtés.

Observation LXXVI et LXXVII

(LXXVI). Enf. A... Ro..,, (12 1/2 ans) (59584). Consulte à
cause da sa mauvaise vue. G. avec $+$ 1 V = 0.2 ; D. avec $+$ 1
V = 0.6 environ (pas d'As.) G. et D. cadre pigmentaire péripapillaire complet, se dégradant dans quelques segments, et surtout dans l'O. G., vers un fond ardoisé de la région centrale ;
altérations vasculaires, pigmentation tâchetée vers l'ora serrata, etc. — Nous invitons la mère à venir à la clinique, et voici
son observation :

(LXXVII) Mme A... Es... (40 ans) (59599). A eu trois grossesses :
une fausse-couche spontanée à 8 mois, un enfant mort à l'âge
de 1 an, de méningisme, et enfin la petite Ro... Sa mère, à elle,
avait eu 5 grossesses, dont deux terminées par fausse couche.
Elle-même, a eu toujours une V. imparfaite, et, en effet, nous

constatons : G avec — 2 V = 0.1 ; D avec + 3 V = 0.1 (pas d'As.). Aux deux yeux, teinte ardoisée de la région centrale très marquée, altérations des vaisseaux papillaires, tas de pigment choroïdien vers l'ora serrata, etc.

Observations LXXVIII et LXXIX

(LXXVIII) Enf. A... L..., (9 ans) (59590). Consulte pour avoir des verres. G, avec — 1 ⊃ + 3.5 à 10· nas. V = 0.3 environ ; D. avec — 1 ⊃ + 3.5 vert. V = 0.4 environ· (après kératométrie et contrôle skiascopique). G. et D. Cadre pigmentaire péripapillaire presque complet, atrophie pigmentaire diffuse de la rétine et de la choroïde, surtout vers l'ora serrata. Pas d'autres stigmates personnels.

(LXXIX) Mme A... V... (34 ans) (59602), mère du petit L..., invitée par nous à la consultation. G. avec + 3 ⊃ + 3.5 hor. V = 0.1 ; D avec + 0.5 V = 1· (après kératométrie et contrôle skiascopique). Aux deux yeux, anneau ardoisé péripapillaire, stigmates de chorio-rétinite diffuse (foyers pigmentaires et atrophiques anciens). A l'O. D. restes d'anciennes hémorrhagies péripapillaires (taches blanches irrégulières, à côté de quelques vaisseaux). Pas de syphilis acquise ; données anamnestiques et personnelles douteuses, en ce qui concerne l'hérédité spécifique. A toujours eu l'O. G. beaucoup plus faible que l'autre.

Observations LXXX et LXXXI

(LXXX) Enf. V... F..., (12 ans 1[2) (59664). Amené à la consultation pour avoir des verres. G. avec — 1.5 V = 0.7 ; D. avec — 1 V = 0.6 (contrôlé à la skiascopie). G. cadre pigmentaire péripapillaire en secteur, pigmentation grenue de la région périphérique, etc. D. stigmates analogues, avec atrophie pigmentaire rétino-choroïdienne très marquée, de la région centrale.

(LXXXI) Mme V... Ad..., (35 ans) (59669) mère du petit F...
G. et D. V = 0.8 environ. (Emm. et pas d'As. à la skiascopie).
Hérédité spécifique avérée, stigmates ophtalmoscopiques rudimentaires, tels que cadre pigmentaire autour de la papille,
pigmentation diffuse, etc.

Observation LXXXII

Mlle H... Ma... (15 ans) (59515). Consulte à cause de sa
myopie. G. et D. avec — 5 V = 06 (exacte à la skiascopie).
Hérédité spécifique avérée (deux frères morts en bas-âge, de
méningisme ; malformations dentaires, etc.). G. papille à zone
grisâtre et anneau périphérique large, surtout du côté nasal,
assez pâle ; pigmentation grenue diffuse. D. papille uniformément grisâtre, à bords très flous ; altérations rudimentaires,
pigmentation grenue à gros grains, diffuse à toute l'étendue
du fond de l'œil. Dans les deux yeux, vaisseaux rétiniens très
tortueux.

Observation LXXXIII

Mme Cl... A..., (53 ans) (59519). Consulte à cause de l'O. D.,
qui avait mauvaise vue dès l'enfance, et qui présente une cataracte corticale presque complète, initiée, paraît-il, à l'âge de
15 ans. G. avec — 2.5 V = 1 : D. compte les doigts à 40 centim.,
projection lumineuse bonne. — A l'ophtalmoscope, l'O. G.
montre des lésions rudimentaires de choroïdite disséminée,
avec altérations papillaires secondaires (papille pâle, altérations vasculaires rudimentaires, secteur de cadre pigmentaire).
Pas de syphilis acquise. Spécificité congénitale très probable,
d'après l'anamnèse ; a eu 5 grossesses, dont 4 terminées par
fausse-couche spontanée.

Observation LXXXIV

Mme L..., M... (36 ans) (59810). Vient nous demander des verres de travail. G. et D. V = 0,6 (légère H. et pas d'As. à la skiascopie). Spécificité congénitale très probable, d'après l'anamnèse. A eu trois grossesses, dont une terminée par fausse

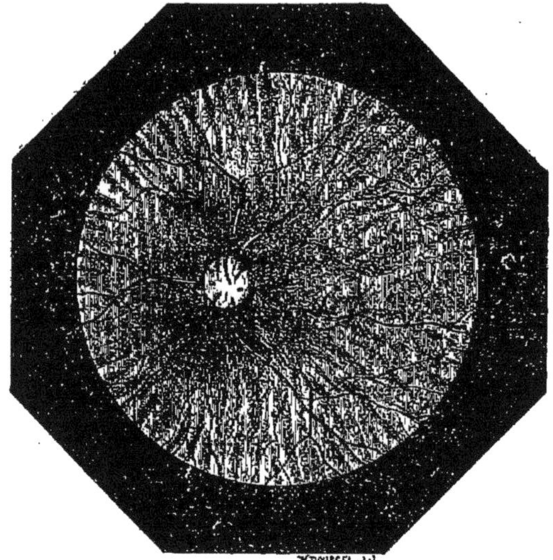

Fig 5
(Observ. LXXXIV, O. D., image droite).

couche spontanée. Jamais de syphilis acquise. Pas d'autres stigmates personnels, à part ceux du fond de l'œil : — G. et D. (Fig. 5) cadre large, épais et très noir, de pigment autour de la papille ; papilles assez pâles ; teinte ardoisée bien prononcée de la région péripapillaire, altérations vasculaires rudimentaires ; pigmentation marbrée de la région équatoriale, et encore plus prononcée et irrégulière dans la région périphérique.

Observation LXXXV

M. M..., G..., (25 ans) (59889). Demande des verres, à cause de sa mauvaise vue, datant de l'enfance. G. et D. avec + 2,5 V = 0,5 environ (pas d'As. à la skiascopie). La mère a eu 4 grossesses, deux enfants morts de méningisme à l'âge de quelques mois. Notre malade ne présente pas de stigmates personnels, à part des malformations dentaires (incisives du type des *dents rachitiques* de Horner, canine surmunéraire supér. gauche, etc.). Stigmates ophtalmoscopiques se rapportant à une névrite optique ancienne : papilles grisâtres, surtout dans leur zone centrale, à bords flous, avec des altérations vasculaires relativement prononcées. Pas d'altérations chorio-rétiniennes, même rudimentaires.

Observation LXXXVI

Enf. L..., M..., (12 ans) (59891). Amené à la consultation à cause d'un bouton d'épisclérite à l'œil droit. G avec — 5,5 V = 1 ; D avec — 6 V = 0,9. — C'est après avoir reconnue la tare congénitale grâce aux données anamnestiques fournies par la mère et à quelques signes personnels (dents, voûte palatine ogivale, etc.) que nous cherchons et trouvons les stigmates ophtalmoscopiques : — G. et D. Altérations rudimentaires péripapillaires, restes de chorio-rétinite de la région périphérique, avec pigmentation analogue à celle de la rétinite pigmentaire.

Observation LXXXVII

M. H..., L... (15 ans) (59816). Consulte s'étant aperçu par hasard de l'inégalité de vue des deux yeux. G avec — 1 V = 0.9 ; D. V = 1. Malformations dentaires, données anamnestiques positives (5 enfants, dont 3 morts en bas âge, de convulsions ou méningisme). Aux deux yeux, teinte ardoisée très prononcée de la région centrale, surtout à l'O. D. où la papille présente quelques secteurs de coloration grisâtre et à bord flou. Dépigmentation rétinienne diffuse et surpigmentation choroïdienne marbrée.

Observation LXXXVIII.

Mlle Ch.. A.., (14 ans) (59842). Enfant arriéré. Amenée à la consultation à cause de strabisme diverg. de l'O. D. — G. V = 0.06 ; D. V = 0.07 (à la skiascopie M. de 1 D, pas d'as.) Nystagmus. Spécificité héréditaire confirmée par l'anamnèse, pléïades cervicales, etc. A l'ophtalmoscope, papilles à bords très flous, à coloration grisâtre ; atrophie pigmentaire rétino-choroïdienne très avancée (albinisme du fond de l'œil, malgré des cheveux châtain foncés).

Observation LXXXIX

Enf. Cl. Al. (11 ans) (60194). Amenée à la consultation à cause du strab. converg. de l'O.G., qui peut compter seulement les doigts à 3 m. et qui présente un nystagmus assez fort lorsque l'O.D. est couvert. D. V = 0,7 (H de 1.5 et pas d'as., à la skiascopie.) La mère a eu 4 grossesses ; son premier enfant est mort 4 jours après la naissance, cachectique, ensuite deux fausses couches, et enfin notre petite Al.., Celle-ci présente des stigmates ophtalmoscopiques manifestes, bien que rudimentaires : cadre de pigment autour de la papille, altérations vasculaires, dépigmentation marbrée de la région périphérique. etc.

Observation LC.

M.S.H... (16 ans) (60232). Consulte à cause de strab. diverg. de l'œil droit. G. avec cyl. + 0,75 à 20° nasal V = 0,9 environ ; D. avec — 7 — 0,75° tempor. V = 0.1

(après kératométrie et contrôle skiascopique). Données anamnestiques positives, de syphilis héréditaire. Pas ds signes personnels certains, à part les stigmates ophtalmoscopiques ;
ceux-ci sont tout à fait rudimentaires à l'O.G. et beaucoup
mieux caractérisés (surtout comme restes de choroïdite diffuse) dans l'O. D., en rapport avec la M., la mauvaise acuité de
cet œil et son strabisme.

BIBLIOGRAPHIE

Une excellente bibliographie pour ce qui concerne, en général, *l'influence dystrophique de l'hérédité syphilitique*, se trouve dans la thèse ayant ce même titre, de M. Barasch (Paris 1896).

Nous avons tiré le plus grand profit des trois ouvrages de M. le Professeur Fournier :

Les affections parasyphilitiques (1894), *L'hérédité syphilitique* (1891) et *La syphilis héréditaire tardive* (1886).

Quant à la syphilis oculaire, acquise ou congénitale, voir surtout les ouvrages suivants :

Hock. *Die syphilitische Augenkrankheiten*. Wiener Klinik, 1876.

Alexander *Syphilis und Auge*. Wiesbaden, 1889 (pag. 72-84, et 189-207, pour ce qui regarde de près notre sujet).

Berger. *Maladies des yeux en rapport avec les maladies générales*. Paris, 1892.

M. Knies. *Die Beziehungen der Sehorgans und seiner Erkrankungen zu den übrigen Krankheiten des Körpers und seiner Organe*. Bergmann Edit., Wiesbaden, 1893.

Alexander. *Neue Erfahrungen über luetische Augenerkrankungen*. Wiesbaden, Bergmann édit., 1895 (pag. 18 à 47 et 66 à 75).

Les autres indications bibliographiques, pour ce qui concerne traités classiques, atlas d'ophtalmoscopie, mémoires spéciaux, etc., ont été données dans les notes au pied des pages, à chaque citation.

Signalons aussi l'index bibliographique qui accompagne la

thèse de M. S. Fortin, *Valeur diagnostic des malformations dentaires observés chez les hérédo-syphilitiques* (Paris 1886), et, pour ce qui concerne la *myopie monolatérale*, la thèse de M. J. P. Manguis, Paris 1893, et l'article de M. Martin, *Annales d'Ocul.*, juillet 1894.

Enfin, la littérature concernant la *kératite parenchymateuse*, qui se rapporte de plusieurs points de vue à notre sujet, est complètement indiquée (1858 à 1897) dans l'excellent mémoire de S. v. HIPPEL *Ueber Keratitis parenchymatosa; klinische Untersuchungen*. (v. Graefe's. Arch., Band XLII, 1896, Heft 2, S. 193-227).

Orléans. -- Imp. G. MORAND rue Bannier, 47.

INDICATIONS RELATIVES AUX PLANCHES

PLANCHE I

PLANCHE II

PLANCHE III

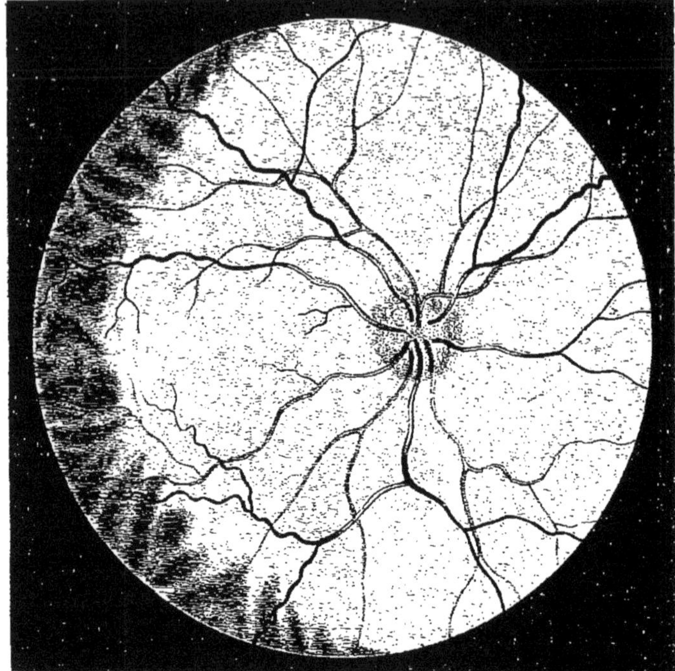

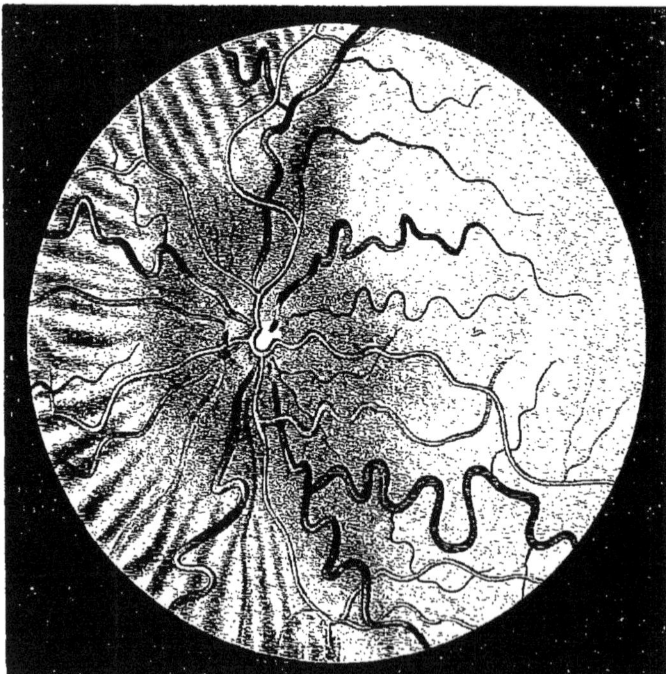

V. Roussel del. et lith.   Imp. A. Lafontaine et Fils, Paris.

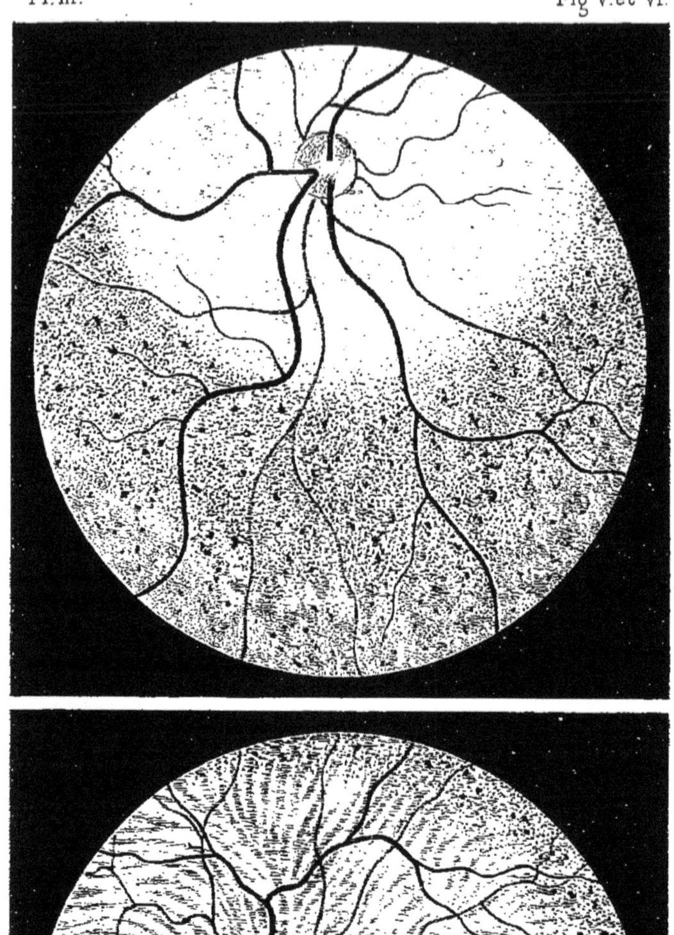

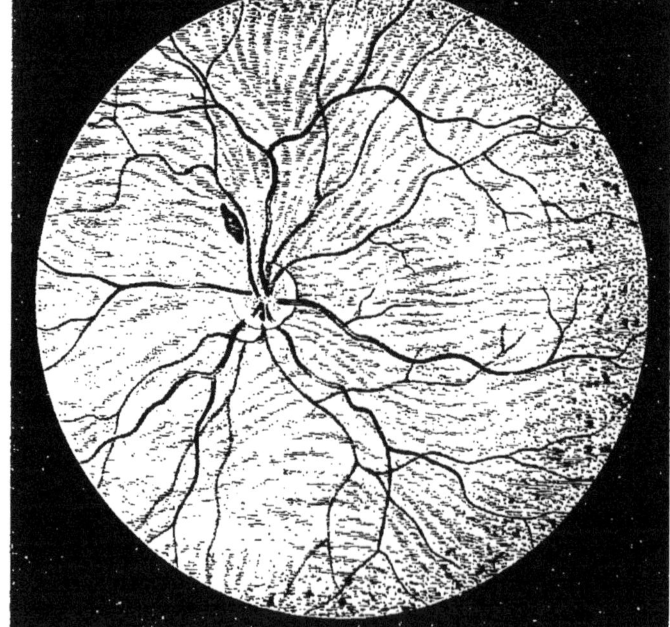

V Roussel del. et lith.   Imp. A. Lafontaine et Fils, Paris

9 782019 237097